U0318296

普通高等教育“十三五”重点规划教材　计算机基础教育系列
中国科学院教材建设专家委员会“十三五”规划教材

大学计算机基础实验教程

（第二版）

杨　俊　张启涛　郑丽坤　主　编
郭　丹　吕鸿略　沈　杰　副主编

科学出版社
北　京

内 容 简 介

本书是《大学计算机基础（第二版）》（杨俊等主编，科学出版社出版）的配套教材，主要内容包括上机实验、习题与参考答案、主教材习题参考答案。其中，上机实验包括9个实验，每个实验设有实验目的和实验内容。学生不仅能够明确上机实验任务，并且能够拓展思维，提升综合素质和计算素养。本书编写目的是帮助学生巩固课堂教学内容，加强思维练习，具备基本的问题分析能力、问题求解能力和计算思维的跨学科应用能力，同时具备一定的实践操作能力。

本书适合作为高等学校计算机公共基础课程的实验教材，也适合作为全国计算机等级考试二级公共基础知识的辅导教材。

图书在版编目（CIP）数据

大学计算机基础实验教程/杨俊，张启涛，郑丽坤主编. —2版. —北京：科学出版社，2019.8

（普通高等教育“十三五“重点规划教材·计算机基础教育系列·中国科学院教材建设专家委员会“十三五”规划教材）

ISBN 978-7-03-061780-4

Ⅰ. ①大…　Ⅱ. ①杨…②张…③郑…　Ⅲ. ①电子计算机-高等学校-教材　Ⅳ. ①TP3

中国版本图书馆CIP数据核字（2019）第129741号

责任编辑：宋　丽　杨　昕／责任校对：王万红

责任印制：吕春珉／封面设计：东方人华平面设计部

科学出版社 出版

北京东黄城根北街16号

邮政编码：100717

http://www.sciencep.com

三河市骏杰印刷有限公司 印刷

科学出版社发行　各地新华书店经销

*

2014年2月第　一　版　开本：787×1092　1/16

2019年8月第　二　版　印张：10 1/2

2019年8月第十二次印刷　字数：249 000

定价：31.00元

（如有印装质量问题，我社负责调换〈骏杰〉）

销售部电话 010-62136230　编辑部电话 010-62135397-2032

第二版前言

在数字社会，计算科学将理论与实验联系起来，为各学科的科学研究和问题求解提供新的手段和方法。问题求解是计算科学的根本目的，既可以用计算机求解数据处理、数值分析等问题，也可以求解化学、社会学、经济学等学科提出的问题。因此，计算与计算思维的理解与认知已经成为当今社会每个公民必备的基本能力。计算思维是指运用计算科学的基本概念和计算技术解决实际问题的思维，包括一系列广泛的计算机科学的思维工具。掌握计算思维的基本方式，具有利用计算思维解决一定规模问题的基础能力，对于从事科学研究或者社会实践都是终身有益的，对于在各自的专业领域熟练应用计算机技术是十分必要的。

本书是《大学计算机基础（第二版）》（杨俊等主编，科学出版社出版）的配套实验教材。全书包括3章，第1章是上机实验，9个典型上机实验体现了理论与实践的结合，思维的拓展与跨越，旨在从问题求解的角度，帮助学生掌握常用的问题分析、求解与实现相关的工具软件的基本使用，掌握计算思维的跨学科应用案例的基础模拟仿真，掌握常用办公软件和多媒体处理软件的基础应用。第2章是习题与参考答案，既包括根据各章知识点配备的习题及参考答案，也包括全国计算机等级考试（二级 MS Office 高级应用）的模拟习题及参考答案，力求概念清晰、理论扎实。第3章是主教材习题参考答案。

本书的素材资源可从科学出版社职教技术出版中心网站 www.abook.cn 下载。

本书由哈尔滨商业大学杨俊、张启涛、郑丽坤担任主编，郭丹、吕鸿略、沈杰担任副主编，孔庆彦、杨玉、王爽、马慧颖、王兴兰、李志强、于凤、康靖、王剑、金一宁、韩雪娜参与了习题部分的编写工作。

本书在编写的过程中，得到了哈尔滨商业大学各级领导的帮助和支持，同时得到了哈尔滨商业大学计算机与信息工程学院教师们和张洪瀚教授的支持和关心，在此表示衷心感谢。

由于编者水平有限，书中难免有不足之处，衷心希望读者给予批评指正。

第一版前言

近年来，加强以计算思维能力培养为核心的计算机基础教学课程体系和教学内容的研究成为课改热点，“计算思维能力的培养”成为高校计算机基础教育的核心任务。日后，培养复合型创新人才的一个重要内容就是要潜移默化地使学生养成一种新的思维方式：运用计算科学的基础概念对问题进行求解、系统设计和行为理解，即建立计算思维。因此，日常教学中要引导学生热爱计算科学并积极探索，传递计算科学的力量与魅力，致力于计算思维融入日常活动中，培养学生利用计算思维解决专业问题的能力。

本书是《大学计算机基础教程》的配套实验教材，旨在帮助学生理解算法、数据结构、软件工程、数据库、程序设计基础成为国家等级考试公共考核知识的原因及其重要性。其中，主教材章节概要包含了各章的重点归纳和知识点总结，重点突出、脉络清晰；18个典型上机实验体现了理论与实践的结合，知识点的融合与贯通，思维的拓展与跨越；根据各章知识点配备的习题与参考答案，力求概念清晰、理论扎实；同时，本书提供了主教材习题参考答案。

本书由哈尔滨商业大学张洪瀚教授设计方案、组织实施、统稿、定稿。由金一宁、杨俊、张启涛担任主编，韩雪娜、关绍云、马炳鹏担任副主编，张洪瀚担任主审。

在此书的编写过程中，得到了哈尔滨商业大学各级领导的帮助和支持，同时得到了哈尔滨商业大学计算机与信息工程学院教师们的支持和关心，表示衷心感谢。

书中难免有不足之处，衷心希望读者给予批评指正。

目　　录

第1章 上机实验

实验1 思维导图与问题分析解决

实验目的

1）辅助科学系统的思维演练，建立系统思考的基础，提高思维效率。

2）提高发现问题、找到问题症结、分析问题、解决问题的能力。

3）提高创新思维能力。

实验内容

1. 思维导图简介

思维导图是问题分解的一种方法，又叫心智导图，是表达发散性思维的有效图形思维工具，运用图文并茂的技巧，把各级主题的关系用相互隶属与相关的层级图表现出来。思维导图利用记忆、阅读、思维的规律，协助人们在科学与艺术、逻辑与想象之间平衡发展，具有人类思维的强大功能。思维导图是一种将思维形象化的方法，放射性思考是人类大脑的自然思考方式，每种进入大脑的资料，不论是感觉、记忆或是想法，都可以成为一个思考中心，并由此中心向外发散出成千上万的关节点，每个关节点代表与中心主题的一个联结，而每个联结又可以成为另一个中心主题，再向外发散出成千上万的关节点，呈现放射性立体结构，而这些关节点的联结可以视为记忆，也可以说是个人数据库。

2. 思维导图常用软件

MindManager 是一个创造、管理和交流思想的通用标准，也是一个易于使用的项目管理软件。它作为一个组织资源和管理项目的方法，可从脑图的核心分支派生出各种关联的想法和信息。MindManager 思维导图软件最大的优势是同 Microsoft Office 无缝集成，快速将数据导入或导出到 Microsoft Word、PowerPoint、Excel、Outlook、Project 和 Visio 中，在职场中有极高的使用人群。

MindMaster 是一款国产跨平台思维导图软件，可同时在 Windows、Mac 和 Linux 系统上使用。该软件提供了智能布局、多样性的幻灯片展示模式、精美的设计元素、预置的主题样式、手绘效果思维导图等功能。

百度脑图是一款在线思维导图编辑器，在浏览器中使用。除基本功能外，支持 XMind、FreeMind 等文件导入和导出，也能导出 PNG、SVG 图像文件。具备分享功能，编辑后可在线分享给其他人浏览。

本实验使用 MindMaster 软件实现相关功能。

3. 利用思维导图解决问题的步骤

通常，用思维导图解决问题需要以下 3 个步骤。
步骤 1：找出问题（确认中心点）。
步骤 2：拆解问题（分解问题为二级分支）。
步骤 3：试着回答被拆解的问题（扩展分支）。
在反复循环过程中，不断进行发散思考，直到找到解决问题的思路和方法。

4. 案例

【例 1-1】 请以《创业项目计划书样本》为例，设计项目计划思维导图。

创业项目计划书样本

✓ 按照国际惯例通用的标准文本格式形成的项目计划书，是全面介绍公司和项目运作情况，阐述产品市场及竞争、风险等未来发展前景和融资要求的书面材料。

一、创业企业摘要

创业计划书摘要，是全部计划书的核心之所在。

*新创业务概念与概貌。

*市场机遇与市场谋略。

*目标市场及发展前景。

*新创企业的竞争优势。

*新创业务营收与盈利。

*新创业务的经营团队。

*新创企业股权与融资。

*其他需要着重说明的情况或数据（可以与下文重复，本摘要将作为项目摘要由投资人浏览）。

二、业务描述

*企业的宗旨（200 字左右）。

*商机分析（请通过实例与数字论证）。

*行业分析，应该回答以下问题：

1. 该行业发展程度如何？
2. 现在发展动态如何？
3. 该行业的总销售额有多少？总收入是多少？发展趋势如何？
4. 经济发展对该行业的影响程度如何？
5. 政府是如何影响该行业的？
6. 是什么因素决定它的发展？

*主要业务与阶段战略。

三、产品与服务

*产品与服务概况。主要有下列内容：

1. 产品技术概况。
2. 产品技术优势分析。

3. 产品的名称、特征及性能用途。

4. 产品的开发过程，同样的产品是否还没有在市场上出现？为什么？

5. 产品处于生命周期的哪个阶段？

6. 产品的市场前景和竞争力如何？

7. 产品的技术改进和更新换代计划及成本。

*生产经营计划，主要包括以下内容：

1. 新产品的生产经营计划。

2. 公司的生产技术能力。

3. 品质控制和质量改进能力。

4. 将要购置的生产设备。

5. 生产工艺流程。

6. 生产产品的经济分析及生产过程。

四、市场营销

*目标市场，应解决以下问题：

1. 你的细分市场是什么？

2. 你的目标顾客群是什么？

3. 你拥有多大的市场？你的目标市场份额有多大？

*竞争分析，要回答如下问题：

1. 你的主要竞争对手？

2. 你的竞争对手所占的市场份额和市场策略？

3. 可能出现什么样的新发展？

4. 你的策略是什么？

5. 在竞争中你的发展、市场和地理位置的优势所在？

6. 你能否承受竞争所带来的压力？

7. 产品的价格、性能、质量在市场竞争中所具备的优势？

*市场营销，你的市场影响策略应该说明以下问题：

1. 营销机构和营销队伍。

2. 营销渠道的选择和营销网络的建设。

3. 广告策略和促销策略。

4. 价格策略。

5. 市场渗透与开拓计划。

6. 市场营销中意外情况的应急对策。

五、管理团队

*全面介绍公司管理团队情况。

*列出企业的关键人物（含创建者、董事、经理和主要雇员等）。

*企业共有多少全职员工（填数字）。

*企业共有多少兼职员工（填数字）。

*尚未有合适人选的关键职位。

*管理团队优势与不足之处。

*人才战略与激励制度。

*外部支持。

六、财务预测

财务分析，包括以下 3 个方面的内容：

1. 过去三年的历史数据，今后三年的发展预测。
2. 投资计划。
3. 融资需求。

*完成研发所需投入。

*达到盈亏平衡所需投入。

*达到盈亏平衡的时间。

*投资与收益。

*简述本期风险投资的数额、退出策略、预计回报数额和时间表。

七、资本结构

*目前资本结构表。

*本期资金到位后的资本结构表。

*请说明你们希望寻求什么样的投资者。

八、投资者退出方式

*股票上市。

*股权转让。

*股权回购。

*利润分红。

九、风险分析

*企业面临的风险。

*对策。

【操作步骤】

步骤 1：单击“开始”按钮，在“所有程序”中选择“MindMaster 7.0”，启动软件，如图 1-1 所示。

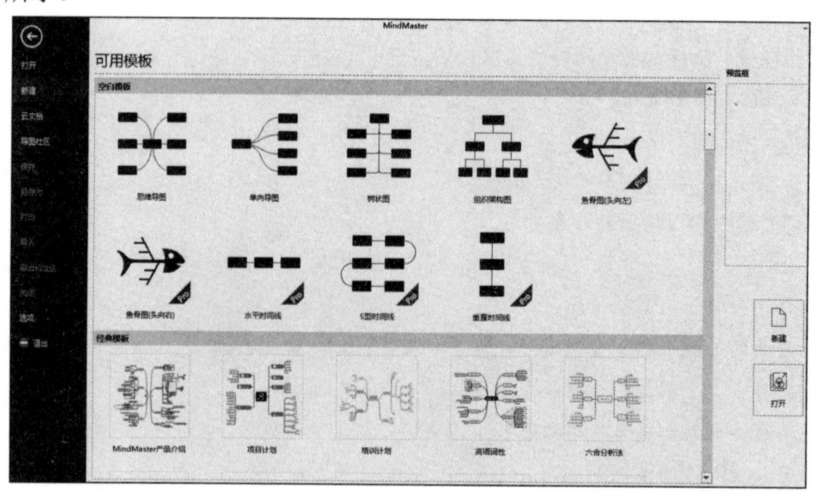

图 1-1 MindMaster 软件界面

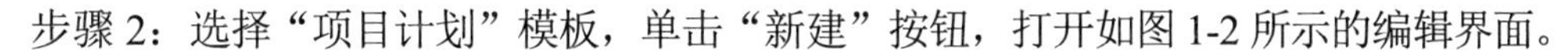

步骤2：选择“项目计划”模板，单击“新建”按钮，打开如图1-2所示的编辑界面。

图1-2 “项目计划”模板界面

步骤3：认识主题结构，如图1-3所示。

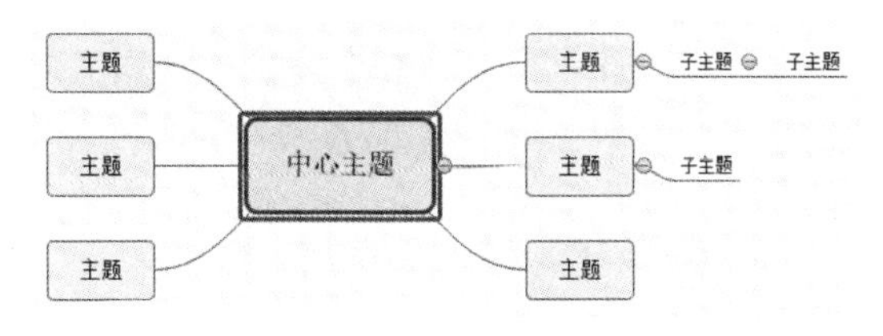

图1-3 主题结构

步骤4：以《创业项目计划书样本》为内容，修改项目计划。具体操作如下：

① 修改中心主题：双击“项目计划”图标，在光标处修改。

② 修改主题：单击按钮，实现增加或删除主题，如图1-4所示；或右击，使用快捷菜单中的“删除”或“插入”命令，如图1-5所示。

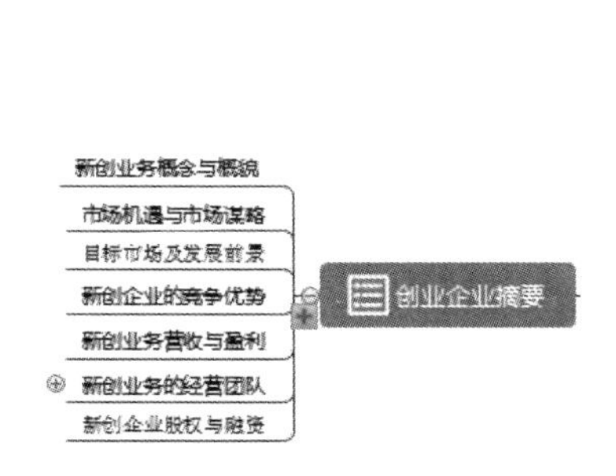

图1-4 修改主题

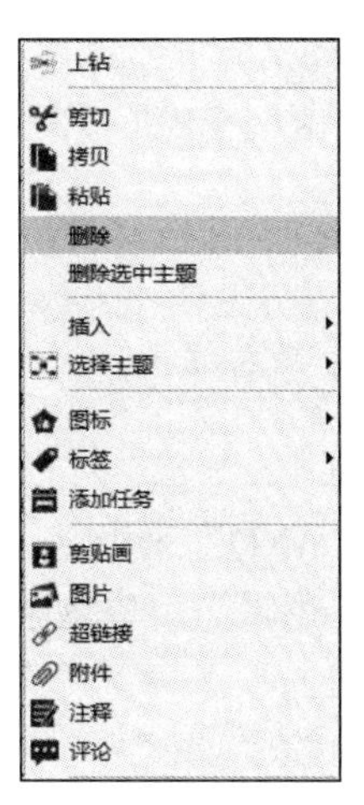

图1-5 利用快捷菜单修改主题

③ 修改主题文本：双击主题名称，即可修改主题文本，在软件右侧面板选择格式即可改变颜色、字体、形状、边框等。最后生成如图 1-6 所示的思维导图（学生可以再详细设计）。

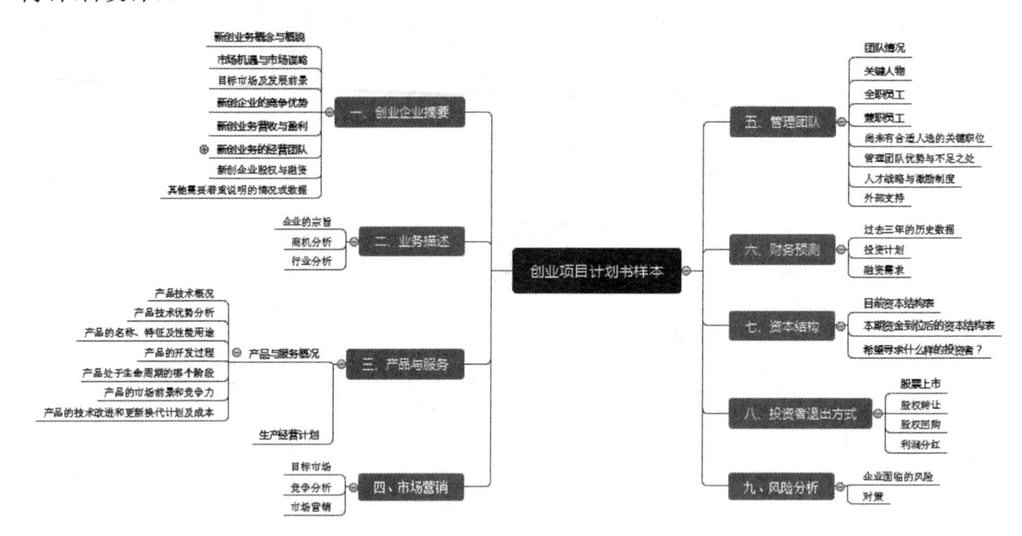

图 1-6 创业项目计划书思维导图

步骤 5：保存文件。选择“文件”|“保存”命令，弹出“另存为”窗口，设置路径，输入文件名，单击“保存”按钮，生成扩展名为.emmx 的思维导图文件。

实验 2 网络信息查询

实验目的

1）了解信息检索的基本常识。

2）掌握各类搜索引擎的用法。

3）掌握搜索引擎的高级检索方式和方法。

4）掌握中英文专业数据库的基本检索常识。

5）熟悉 CNKI、EBSCO 等数据库的检索方式和结果下载。

实验内容

1. 信息检索基本技术

（1）逻辑与

逻辑与用“AND”来表示。通常写作 A AND B，表明同时有检索词 A 和 B 的记录才为命中记录。逻辑与可以增强检索的专指性，缩小检索范围。

（2）逻辑或

逻辑或用“OR”或“+”来表示。通常写作 A OR B，表明检索词为 A 或 B，或同时有 A 和 B 的记录均为命中记录。

（3）逻辑非

逻辑非用“NOT”或“-”来表示。通常写作 A NOT B 或 A-B，表明数据库中含有检索词 A 而不含检索词 B 的记录为命中记录。

（4）截词检索

截词符号用“？”或“*”表示。主要用来替代不确定的单词的字母、汉字等，截词符号可以放在检索词的任何位置。使用截词符号进行检索时，词干不能太短，一般应在 3 个字符以上，以免增加机器检索时间和产生误检。

（5）严格匹配符

严格匹配符“”，实现检索词的完全匹配，不允许拆分。

2. 搜索引擎的分类

（1）目录型搜索引擎

目录型搜索引擎将搜索到的 Internet 资源按照主题分成若干大类，每个大类下面又分设多级类目，这类搜索引擎往往还伴有网站查询功能，通过在查询框中输入用户感兴趣的词组或关键词即可获得与之相关的网站信息。具有代表性的目录式搜索引擎有搜狐（Sohu）、新浪（Sina）等。

（2）全文型搜索引擎

全文型搜索引擎处理的对象是 Internet 上网站中的每个网页。通过使用大型信息数据库来收集和组织 Internet 资源，大多具有收集记录、索引记录、搜索索引和提交搜索结果等功能。通过所选的单词或词组（关键词）来进行搜索，搜索引擎检索文本数据库以匹配或关联到用户给定的请求，然后返回给用户一个与这些文本链接的列表清单。全文型搜索引擎的代表有百度（Baidu）、搜狗（Sogou）等。

（3）元搜索引擎

元搜索引擎是将用户提交的检索请求转到多个独立的搜索引擎上去搜索，并将检索结果集中统一处理，以统一的格式提供给用户，查全率和查准率都比较高。元搜索引擎的代表有 MetaCrawler、ixquick、360 综合搜索等。

（4）专业垂直搜索

专业垂直搜索引擎通过针对某一个特定领域、某一类特定人群或某一个特定需求提供的一定价值的信息和相关服务。其特定是“专、精、深”，且具有行业色彩，与通用搜索引擎的海量信息无序化相比，专业垂直搜索引擎显得更加专注、具体和深入。专业垂直搜索引擎的代表有去哪儿（aunar）、口碑（koubei）等。

（5）免费链接列表

免费链接列表提供简单的滚动排列链接条目，少部分提供简单的分类目录，如 http://www.hao123.com、http://www.1616.net/等。

3. 常见搜索引擎的用法

（1）目录型搜索引擎的基本使用

【例 2-1】 以 sina 为例，查看各高校研究生招生的相关信息。

【操作步骤】

步骤 1：打开某浏览器，在地址栏输入 http://www.sina.com.cn，转到新浪网主页。

步骤 2：通过“新浪→教育→考研→招生→简章”的顺序实现查找要求。

（2）全文型搜索引擎的基本使用

【例 2-2】 以 Baidu 为例，在搜索框中输入检索式，可以得到不同的检索结果。

【操作步骤】

步骤 1：打开某浏览器，在地址栏输入 http://www.baidu.com，转到 Baidu 主页。

步骤 2：在 Baidu 搜索栏（图 2-1），实现下列网络信息检索的基础操作。

图 2-1 Baidu 搜索栏

① 计算机基础 计算思维：查找同时含有“计算机基础”和“计算思维”信息的网页。

② 计算机基础计算思维：查找同时含有“计算机基础”和“计算思维”信息的网页，而且“计算机基础”和“计算思维”不会出现任何拆分。

③ 计算机基础||计算思维：查找含有“计算机基础”或 “计算思维”信息的网页。

④ 计算机基础-计算思维：查找含有“计算机基础”但不包含“计算思维”的网页。

⑤ 以*治国：搜索以“以”开头，以“治国”结尾的 4 字短语。

⑥ 《手机》：主要是搜索关于电影、电视剧方面的信息。

⑦ 计算机基础 计算思维 filetype:doc：查找同时含有“计算机基础”和“计算思维”信息的 Word 文档。

⑧ 计算机基础 计算思维 site:edu.cn：查找同时含有“计算机基础”和“计算思维”信息的教育网站。

⑨ 计算思维 inurl:blog：查找网页中 url 含有“blog”的关于计算思维的信息，换句话说，在博客中查找关于计算思维的信息。

⑩ 计算机基础 intitle:计算思维：查找网页中含有计算机基础，标题包含计算思维的信息。

例如，在 http://www.baidu.com/gaoji/advanced. html 页面，或在已经有检索界面的下部找到“高级检索”功能项，体会高级检索功能项中条目的设定与特殊符号和字段限制之间的对应关系。

4. 下载 PDF 或 CAJ 格式的阅读器

通常，正规软件下载网站或各高校电子图书馆均提供相关软件的下载。

例如，通过 http://lib. hrbcu.edu.cn 进入哈尔滨商业大学主页，如图 2-2 所示，选择“指南” | “常用软件下载”命令，下载并安装 PDF 或 CAJ 格式的阅读器。

图 2-2 哈尔滨商业大学图书馆主页

5. 专业数据库 CNKI 的使用

在图 2-2 所示的哈尔滨商业大学图书馆界面“常用数据库”中选择“中国知网”选项，可以免费实现数据库的查询和全文下载。需要注意的是，在校园网内访问中国知网（http://www.cnki.net）才能实现全文下载，通过外网访问可进行数据库的免费检索查询，但不提供免费的全文下载。

（1）高级检索

进入图 2-3 所示的 CNKI 主页，选择某一个数据库，进入该数据库的“高级检索”界面。例如，在“跨库”中选择“学术期刊”（默认为去除年鉴、专利、标准、成果以外的其余数据库），查询关于“计算思维”的论文，选择篇名为“计算思维”，实现快速检索，如图 2-4 所示。

在“高级检索”界面，在“输入检索条件”区域，通过更细致地设定检索项，可以提高查准率。例如，可以选择检索范围控制条件，包括篇名、主题、被引文献、作者和作者单位、指定年限、来源期刊、来源类别、支持基金等。根据自己的需求和已知条件，选择合适的检索项，通过“并含”“或含”“不含”调整检索词之间的逻辑关系，选择“精确”或“模糊”后，单击“检索”按钮实现检索。

例如，查找北京高校近 5 年关于计算机基础实验教学的研究文献。

主要操作：主题“计算机基础”“并含”“实验”选择“精确”模式，发表时间从 2015 年到 2019 年，作者单位“北京”选择“模糊”模式，检索条件设置如图 2-5 所示。

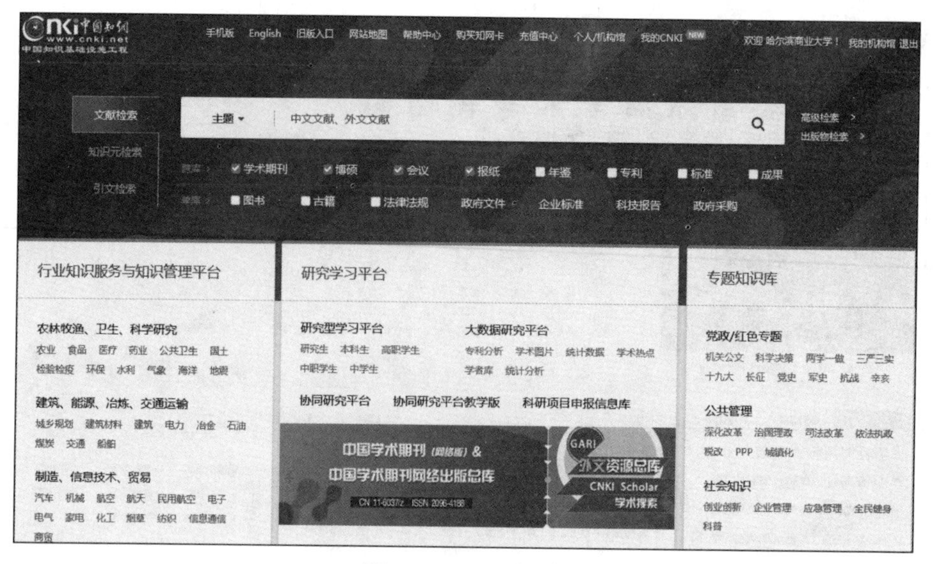

图 2-3　CNKI 主页

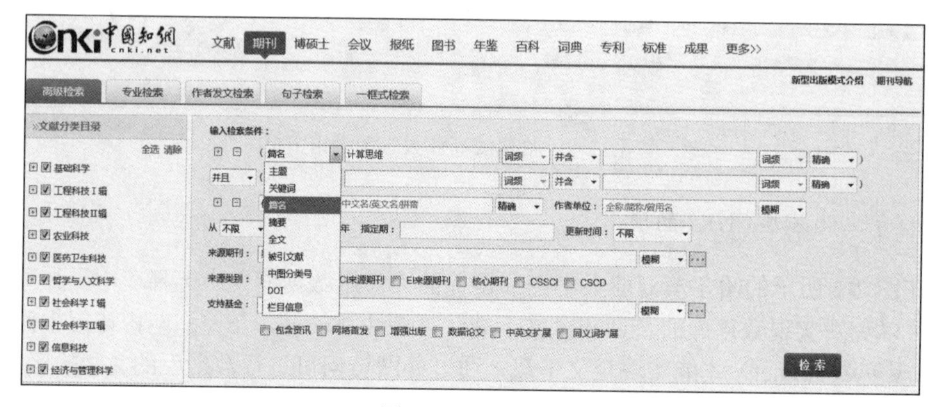

图 2-4　快速检索

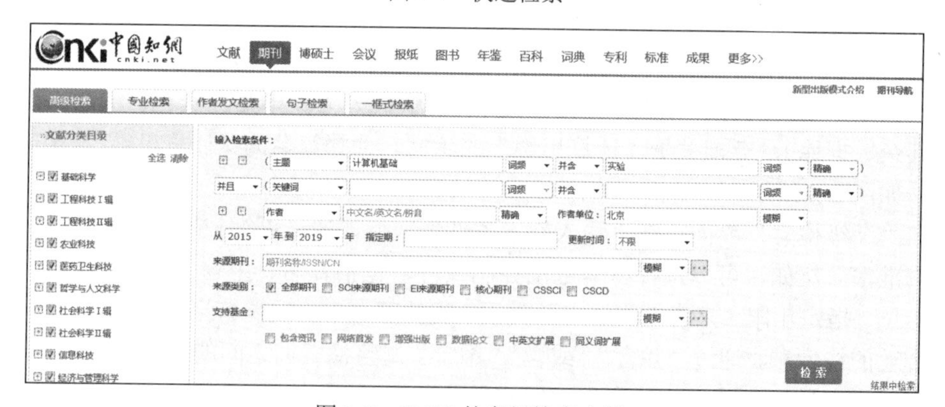

图 2-5　CNKI 的高级检索实例

（2）结果输出

CNKI 提供分组类型的浏览方式，可以按照主题、发表年度、基金、研究层次、作者、机构等方式查看检索结果。在结果的排序方式上包含相关度排序、发表时间排序、被引排序、下载排序。图 2-6 为图 2-5 按照发表时间排序的检索结果。单击具体文章可以查询相关信息和全文下载。

	篇名	作者	刊名	发表时间	被引	下载	阅读	收藏
1	基于思维导图的中医药院校计算机基础课程实验教学的研究与探索	王苹; 郭凤英; 唐燕	中医教育	2018-09-30	2	49	HTML	☆
2	新时期大学计算机教材及实验内容重构方案	张龙; 李凤霞; 刘茜	计算机教育	2018-03-10	2	102	HTML	☆
3	虚拟实验在大学计算机课程教学改革中的研究	李林; 陈宇峰; 李凤霞; 刘琦	中国教育信息化	2017-04-10	4	143	HTML	☆
4	大学计算机基础实验课体系的研究与探索	郭海霞; 解凯; 王梦菊	金融理论与教学	2017-02-25		69	HTML	☆
5	大学计算机基础教学中算法思维的培养	刘梅彦; 徐英慧	软件导刊	2016-04-22 14:02	1	70	HTML	☆
6	计算机基础教育教学研究思考	朱秋海	信息与电脑(理论版)	2016-01-23		41	HTML	☆
7	面向计算机基础教学的Hadoop实验设计	徐岩; 周国	实验室研究与探索	2016-01-15	3	159	HTML	☆

图 2-6　检索结果

6. EBSCO 外文期刊数据库的使用

用户可以直接访问图 2-2 所示的“哈尔滨商业大学图书馆”主页，在“常用数据库”中选择“EBSCO”选项，免费实现数据库的查询和全文下载。

（1）外文检索

EBSCO 数据库支持布尔逻辑运算符 AND、OR、NOT，也支持截词检索。进入图 2-7 所示的基本检索界面，可以选择数据库，选择“检索选项”选项卡，可对出版物、检索模式等进行限制。

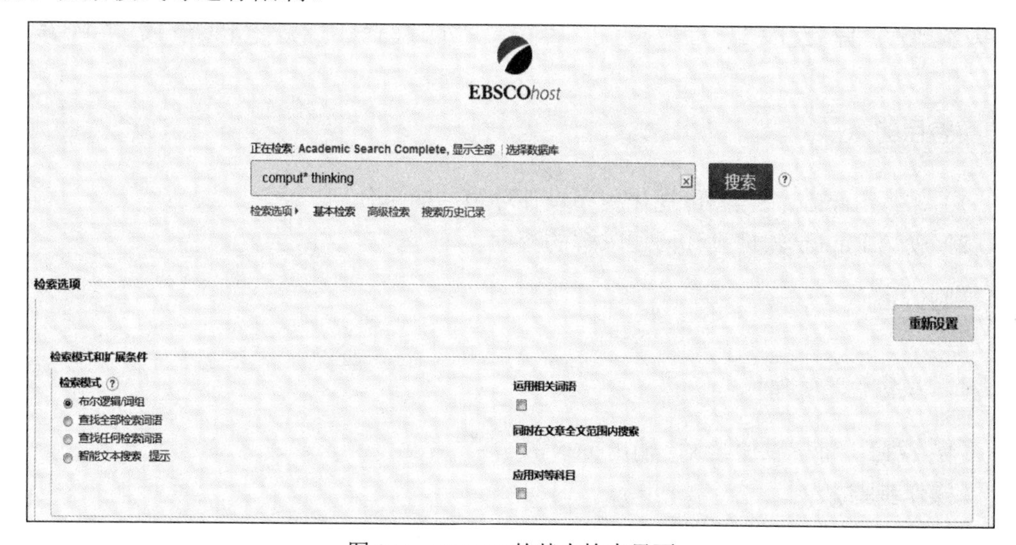

图 2-7　EBSCO 的基本检索界面

例如，查找计算思维方面的文献。

检索词应该是 computing thinking，但为了提高查全率，使用截词符*，在检索框中输入 comput* thinking，单击“搜索”按钮即可。针对检索词使用引号可提高查准率。

例如，检索云计算安全问题。

检索词是 cloud computing;security;secure;safety，在高级检索界面，在第 1 行检索框中输入 secur*，逻辑算符选择 OR，在第 2 行检索框中输入 safety，逻辑算符选择 AND，在第 3 行检索框中输入 cloud comput*，单击“搜索”按钮即可。

（2）结果输出

在显示的检索结果中出现的文中图表和图像可直接单击浏览，提供文件夹功能，用于临时保存检索结果，全文下载为 PDF 格式。图 2-8 所示为检索结果。

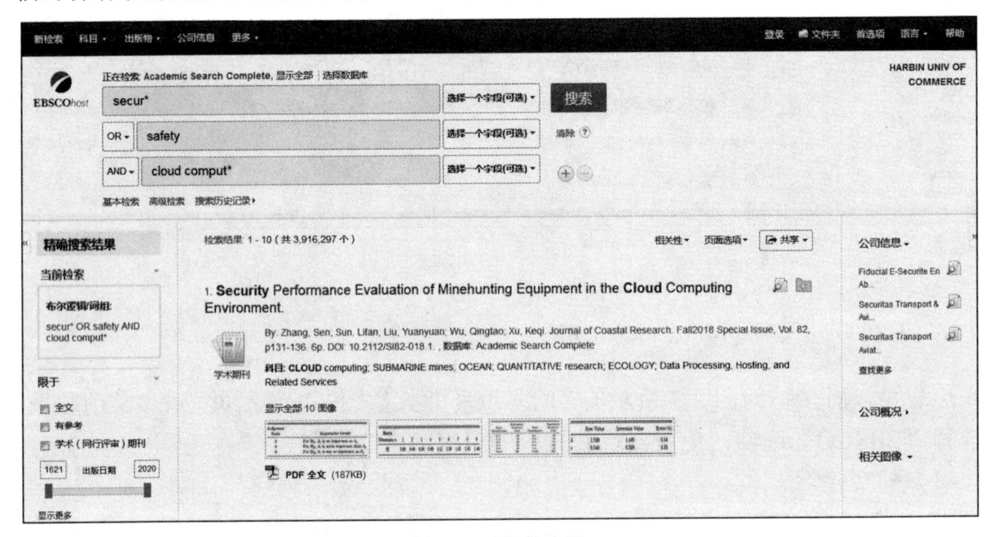

图 2-8　检索结果

实验 3　算法设计——基于 Raptor 流程图可视化程序设计环境

实验目的

1）掌握 Raptor 流程图可视化程序设计环境的简单使用。

2）使用 Raptor 软件设计问题求解的流程。

实验内容

1. 常量和变量操作

【例 3-1】 将 7 赋值给 x，输出 x+5 的结果。

【操作步骤】

步骤 1：单击“开始”按钮，在弹出的快捷菜单中选择“Raptor 汉化版”命令，启动 Raptor 汉化版程序。

步骤 2：单击“符号”|“赋值”符号□，在 main 窗口中单击“Start”按钮，将“赋值”符号添加到流程图中。然后双击“赋值”符号，打开“帮助”对话框，如图 3-1 所示，在“Set”文本框中输入变量 x，在“to”文本框中输入 7，单击“完成”按钮。

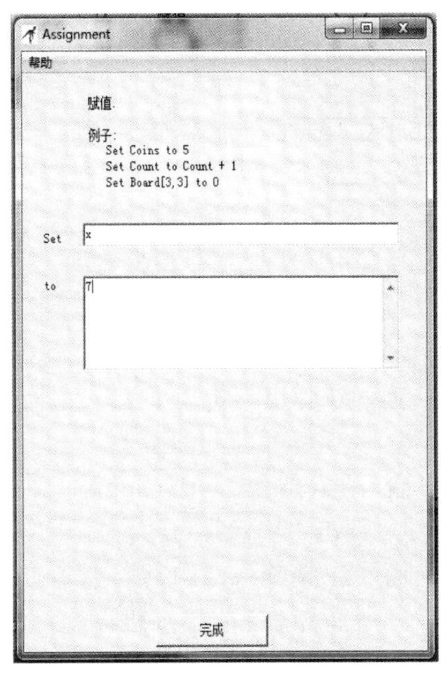

图 3-1 “帮助”对话框

步骤 3：根据步骤 2，再将 x+5 赋给 x。

步骤 4：单击“符号”｜“输出”符号，将其添加到 main 窗口的流程图中。双击“输出”符号，打开“输出”对话框，在输出文本框中输入“x+5”，单击“完成”按钮。

步骤 5：单击“运行”｜“运行”按钮，如图 3-2 所示。程序运行的结果显示在主控台中，如图 3-3 所示。

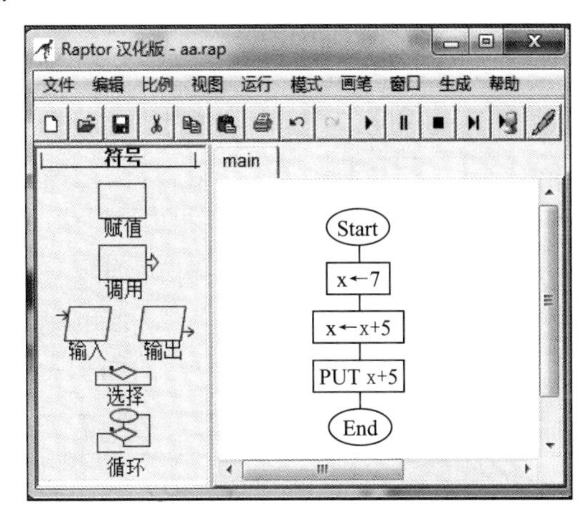

图 3-2 程序运行

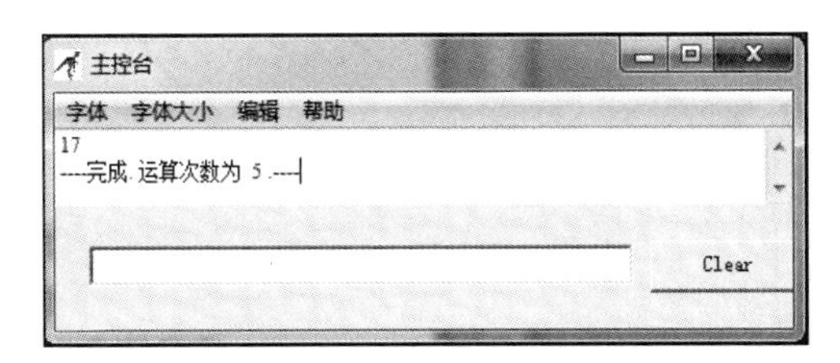

图 3-3 主控台显示运行结果

2. 顺序结构的操作

【例 3-2】 编程求圆的面积。

【分析】

1）随机输入一个半径 r，用输入框实现。

2）圆面积的计算公式：s=3.14*r**2，用赋值框实现。

3）输出面积 s，用输出框实现。

【操作步骤】

步骤 1：单击“开始”按钮，在弹出的快捷菜单中选择“Raptor 汉化版”命令，启动 Raptor 汉化版程序。

步骤 2：单击“符号”|“输入”符号，在 main 窗口中单击“Start”按钮，将“输入”符号添加到流程图中，然后双击“输入”符号，打开“输入”对话框，如图 3-4 所示，在“输入提示”文本框中输入“"请输入圆的半径:"”(注意：提示信息需要加引号)，在“输入变量”文本框中输入 r，单击“完成”按钮。

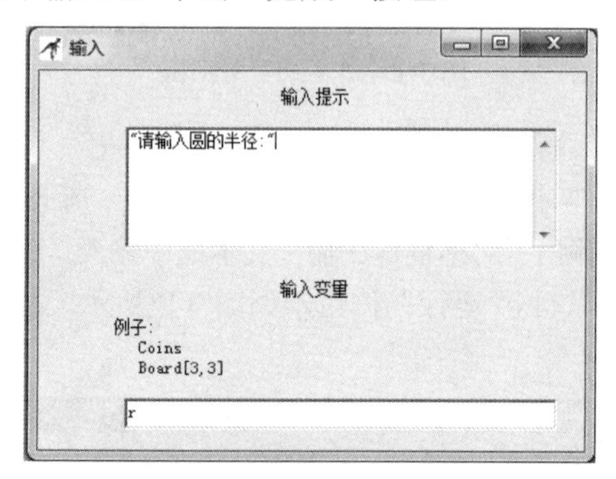

图 3-4 “输入”对话框

步骤 3：单击“符号”|“赋值”符号，在 main 窗口中，将“赋值”符号添加到流程图中。然后双击“赋值”符号，打开“帮助”对话框，在“Set”文本框中输入变量 s，在“to”文本框中输入 3.14*r**2，单击“完成”按钮。

步骤 4：单击“符号”|“输出”符号，将其添加到流程图中。双击“输出”符号，打开“输出”对话框，在输出文本框中输入“"圆的面积为:"+s”，单击“完成”按钮，如图 3-5 所示。

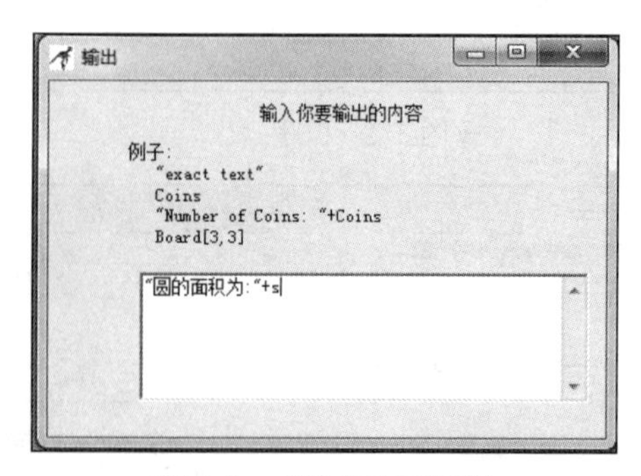

图 3-5 “输出”对话框

步骤 5：单击“运行”|“运行”按钮，程序运行的结果会显示在主控台中。

本例流程图及运行结果如图 3-6 所示。

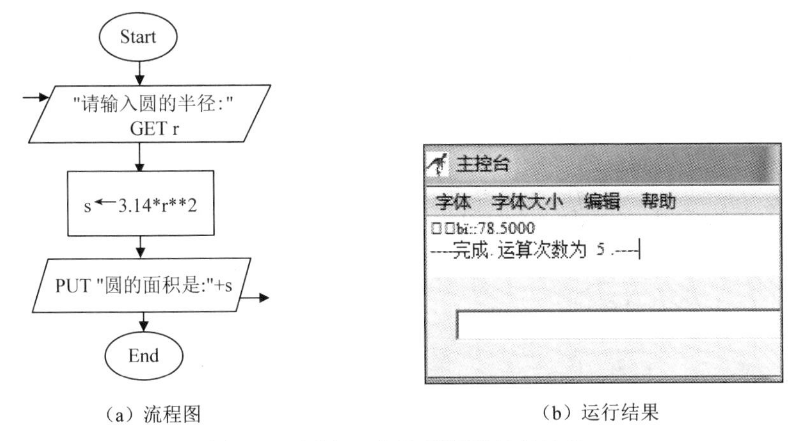

（a）流程图　　（b）运行结果

图 3-6　【例 3-2】流程图及运行结果

3. 选择结构的操作

【例 3-3】 任意输入一个正数，判断其是否为偶数或奇数。

【分析】

1）输入一个任意正数 X，用输入框实现。

2）用 X%2=0 来判断是否为奇偶数，用选择框实现。

3）若为偶数，则在 Yes 分支中加入一个输出框，内容为“X　is　even”。若为奇数，则在 No 分支中加入一个输出框，内容为“X　is　odd”。

【操作步骤】

步骤 1：单击“开始”按钮，在弹出的快捷菜单中选择“Raptor 汉化版”命令，启动 Raptor 汉化版程序。

步骤 2：单击“符号”|“输入”符号，在 main 窗口中单击“Start”按钮，将“输入”符号添加到流程图中，然后双击“输入”符号，打开“输入”对话框，在“输入提示”框中输入提示信息，在“输入变量”文本框中输入 X，单击“完成”按钮。

步骤 3：单击“符号”|“选择”符号，在 main 窗口中，将“选择”符号添加到流程图中。然后双击“选择”符号，打开“选择”对话框，在“输入选择条件”文本框中输入条件“X%2=0”，单击“完成”按钮。

步骤 4：输入执行语句。

① 当 X 为偶数时：单击“符号”|“输出”符号，将其添加到流程图的“Yes”分支中。双击“输出”符号，打开“输出”对话框，在输出文本框中输入“"X is even"”，单击“完成”按钮。

② 当 X 为奇数时：单击“符号”|“输出”符号，将其添加到流程图的“No”分支中。双击“输出”符号，打开“输出”对话框，在输出文本框中输入“"X is odd"”，单击“完成”按钮。

步骤 5：单击“运行”|“运行”按钮，程序运行的结果会显示在主控台中。

本例流程图及运行结果如图 3-7 所示。

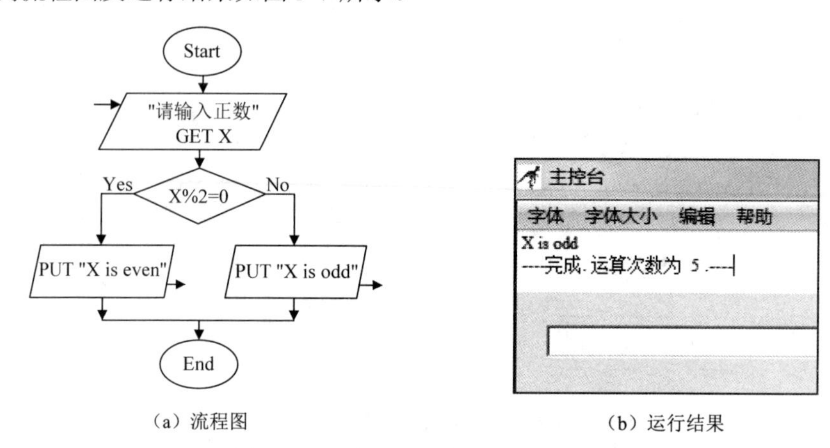

（a）流程图　　（b）运行结果

图 3-7 【例 3-3】流程图及运行结果

4. 循环结构的操作

【例 3-4】 斐波那契序列。1202 年，意大利数学家斐波那契出版了《算盘全书》。他在书中提出了一个关于兔子繁殖的问题：如果一对兔子每月能生一对小兔子（一雄一雌），而每对小兔子在它们出生后的第 3 个月里，又能开始生一对小兔子。假定在不发生死亡的情况下，由一对出生的小兔子开始，10 个月后会有多少对兔子？

【分析】

第 1 个月只有一对兔宝宝，共 1 对兔子。

第 2 个月兔宝宝变成大兔子，还是 1 对兔子。

第 3 个月大兔子生了一对兔宝宝，共一大一小 2 对兔子。

第 4 个月大兔子继续生一对兔宝宝，小兔子变成大兔子，共两大一小 3 对兔子。

……

这样计算下去，兔子对数分别是 1，1，2，3，5，8，13，21，34，55，…，得出的规律是：从第 3 个数目开始，每个数目都是前面两个数目之和，这就是著名的斐波那契序列。根据题意，得

$$F_n=\begin{cases}1 & n\leqslant 2\\ F_{n-1}+F_{n-2} & n>2\end{cases}$$

【操作步骤】

步骤 1：单击“开始”按钮，在弹出的快捷菜单中选择“Raptor 汉化版”命令，启动 Raptor 汉化版程序。

步骤 2：单击“符号”|“赋值”符号□，在 main 窗口中单击“Start”按钮，将“赋值”符号添加到流程图中，依次添加 3 个。然后分别双击“赋值”符号，依次输入“F[1]←1”、“F[2]←1”、“N←3”。

步骤 3：单击“符号”|“循环”符号，在 main 窗口中，将“循环”符号添加到流程图中。然后双击“循环”符号，打开“循环”对话框，在“输入跳出循环的条件”文本框中输入条件“N>10”，单击“完成”按钮。

步骤4：单击“符号”|“赋值”符号，在main窗口中的“循环条件”框下单击“No”分支，将“赋值”符号添加到流程图中。然后双击“赋值”符号，输入“F[N]←F[N-1]+F[N-2]”。

步骤5：单击“符号”|“输出”符号，将其添加到流程图中。双击“输出”符号，打开“输出”对话框，在输出文本框中输入“"F["+N+"]="+F[N]”，单击“完成”按钮。

步骤6：单击“符号”|“赋值”符号，将其添加到“输出”符号下面，然后双击“赋值”符号，输入“N=N+1”。

步骤7：单击“运行”|“运行”按钮，程序运行的结果会显示在主控台中。

本例流程图及运行结果如图3-8所示。

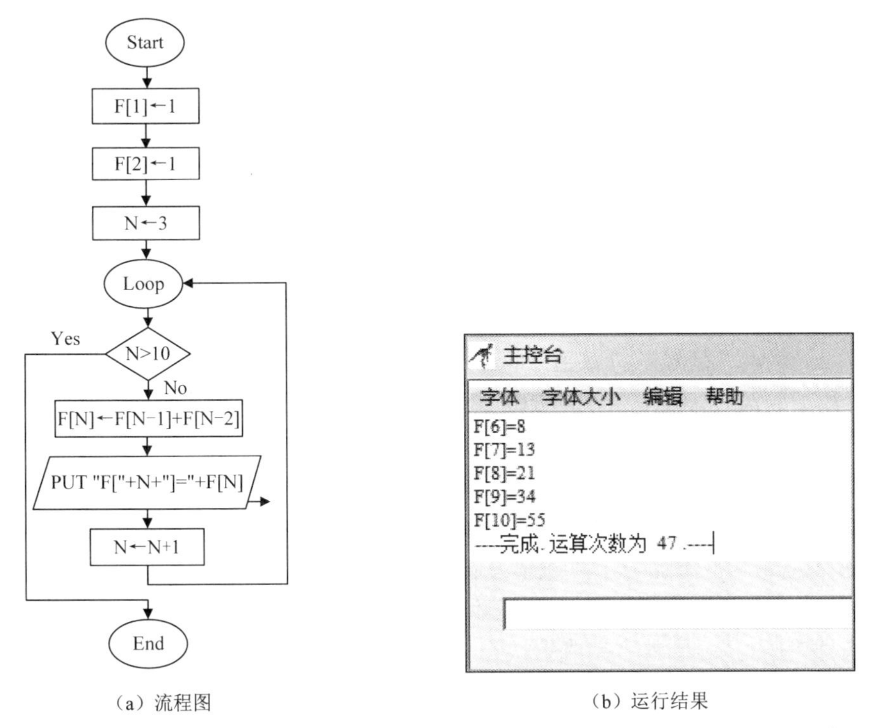

（a）流程图　（b）运行结果

图3-8　【例3-4】流程图及运行结果

【例3-5】 一段楼梯有十级台阶，规定每步只能跨一级或两级，要登上第10级台阶有多少种不同的走法？请修改斐波那契序列程序，获得结果。

【分析】

如果只有一级台阶，则只有1种走法。

如果有两级台阶，则可以走一步，也可以走两步，即（1、1），（2），有2种走法。

如果有三级台阶，则同样是可以走一步，也可以走两步，即（1、1、1），（1、2），（2、1），有1+2=3种走法。

如果有四级台阶，则同样也是可以走一步，也可以走两步，其走法为（1、1、1、1），（1、1、2），（2、1、1），（2、2），（1、2、1），有2+3=5种走法。

如果有五级台阶，就有3+5=8种走法。可以发现，从第三次开始，后一种情况总是前两种情况的和，第六级台阶有 5+8=13 种走法，第七级台阶有 8+13=21 种走法，第八级台阶有 13+21=34 种走法，第九级台阶有 21+34=55 种走法，第十级台阶有 34+55=89 种走法。这也是斐波那契序列。

将【例 3-4】操作步骤 2 中的 F[2]←1 修改为 F[2]←2，其他操作步骤同【例 3-4】即可。

登上十级台阶有 1，2，3，5，8，…，89 种走法。

5. 百钱买百鸡问题

【例 3-6】 某人有一百块钱，打算买一百只鸡。到市场上一看，公鸡五块钱一只，母鸡三块钱一只，小鸡一块钱三只。请设计一个算法，算出如何能刚好用一百块钱买一百只鸡。

【分析】

设公鸡、母鸡、小鸡的个数分别为 x、y、z，根据题意可得如下方程组：

$$\begin{cases} 5x+3y+z/3=100 \\ x+y+z=100 \\ 1\leqslant x<20,\ 1\leqslant y<33,\ 3\leqslant z<100,\ z \bmod 3=0 \end{cases}$$

【操作步骤】

步骤 1：单击“开始”按钮，在弹出的快捷菜单中选择“Raptor 汉化版”命令，启动 Raptor 汉化版程序。

步骤 2：单击“符号”|“赋值”符号▭，在 main 窗口中单击“Start”按钮，将“赋值”符号添加到流程图中，依次添加 2 个。然后分别双击“赋值”符号，依次输入 x←0、i←1。

步骤 3：添加外层循环结构。

① 单击“符号”|“循环”符号，在 main 窗口中，将“循环”符号添加到流程图中。在“Loop”下添加一个“赋值”符号，输入“j←1”。

② 双击“循环”符号，打开“循环”对话框，在“输入跳出循环的条件”文本框中输入条件“i>20”，单击“完成”按钮。

③ 单击“符号”|“赋值”符号，在 main 窗口中的“循环条件框”符号下单击，将“赋值”符号添加到流程图中。然后双击“赋值”符号，输入“i←i+1”。

步骤 4：添加内层循环结构。

① 单击“符号”|“循环”符号，在 main 窗口中单击“赋值”符号，将“循环”符号添加到流程图中。

② 双击“循环”符号，打开“循环”对话框，在“输入跳出循环的条件”文本框中输入条件“j>33”，单击“完成”按钮。

③ 输入内层循环语句。

a. 单击“符号”|“赋值”符号，在 main 窗口中单击“循环条件”框符号，将“赋值”符号添加到流程图中。然后双击“赋值”符号，输入“x←100-i-j”。

b. 单击“符号”|“选择”符号，在 main 窗口中单击“赋值”符号，将“选择”符号添加到流程图中。然后双击“选择”符号，打开“选择”对话框，在“输入选择条件”文本框中输入条件“i*5+j*3+x/3=100”，单击“完成”按钮。

c. 单击“符号”|“输出”符号，将其添加到分支结构中的“Yes”分支上。双击“输出”符号，打开“输出”对话框，在输出文本框中输入“"cock="+i+"hen="+j+" chick="+x”，单击“完成”按钮。

d. 单击“符号”|“赋值”符号，在 main 窗口中的“分支”符号下单击，将“赋值”符号加入流程图。然后双击“赋值”符号，输入“j=j+1”。

步骤 5：单击“运行”|“运行”按钮，程序运行的结果显示会在主控台中。

本例流程图及运行结果如图 3-9 所示。

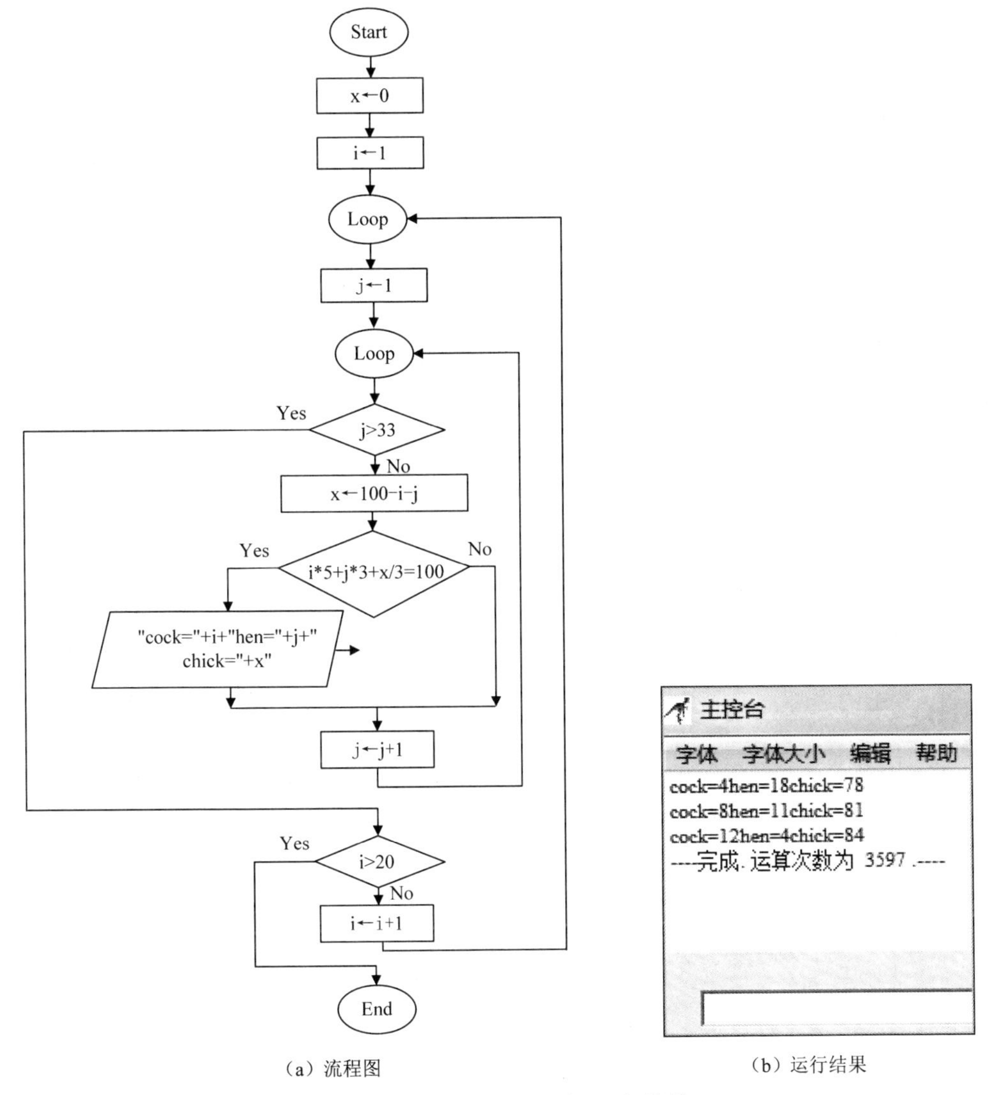

（a）流程图　　（b）运行结果

图 3-9　【例 3-6】流程图及运行结果

6. 猴子吃桃问题

【例 3-7】 小猴子摘桃若干，立即吃了一半还觉得不过瘾，又多吃了一个；第二天接着吃剩下桃子的一半，仍觉得不过瘾又多吃了一个，以后小猴子都是吃剩下桃子的一半多一个；到第 10 天小猴子再去吃桃子的时候，看到只剩下一个桃子。那么小猴子第一天共摘了多少个桃子？

【分析】

1）由题意可以得到下表：

天数	1	2	3	4	5	6	7	8	9	10
桃数	1534	766	382	190	94	46	22	10	4	1

2）分析后可知，猴子吃桃问题的递推关系为

$S_n=1$（$n=10$）

$S_n=2\times(S_{n+1}+1)$（$1\leqslant n<10$）

3）在此基础上，以第 10 天的桃数作为基数，用以上归纳出来的递推关系设计一个循环过程，将第 1 天的桃数推算出来。

【操作步骤】

步骤 1：单击“开始”按钮，在弹出的快捷菜单中选择“Raptor 汉化版”，启动 Raptor 汉化版程序。

步骤 2：单击“符号”|“输入”符号，在 main 窗口中单击“Start”按钮，将“输入”符号添加到流程图中。然后双击“输入”符号，输入天数 n。

步骤 3：单击“符号”|“选择”符号，在 main 窗口中将“选择”符号添加到流程图中。双击“选择”符号，输入 n>1 and n<=10。

步骤 4：当天数输入无误后，通过循环结构进行递推。

① 单击“符号”|“输入”符号，在 main 窗口中单击选择结构下的“Yes”分支，添加两个“赋值”符号。然后分别双击“赋值”符号，输入 i←n 和 x←1。

② 单击“符号”|“循环”符号，在 main 窗口中的“赋值”符号 x=1 下单击，将“循环”符号添加到流程图中。

③ 双击“循环”符号，打开“循环”对话框，在“输入跳出循环的条件”文本框中输入条件 i=1，单击“完成”按钮。

④ 单击“符号”|“赋值”符号，在 main 窗口中的 Loop 符号下，添加两个“赋值”符号到流程图中。然后分别双击“赋值”符号，输入递推式 x←(x+1)*2 和循环变量递减式 i←i-1。

⑤ 单击“符号”|“输出”符号，将其添加到循环条件的“Yes”分支上。双击“输出”符号，打开“输出”对话框，在输出文本框中输入“"The first day the momkey have"+x+"peaches"”。

步骤 5：单击“符号”|“输出”符号，在 main 窗口中的“选择”条件框的“No”分支下单击，将“输出”符号添加到流程图中。双击“输出”符号，输入“"error day"+n”。

步骤 6：单击“运行”|“运行”按钮，程序运行的结果会显示在主控台中。

本例流程图及运行结果如图 3-10 所示。

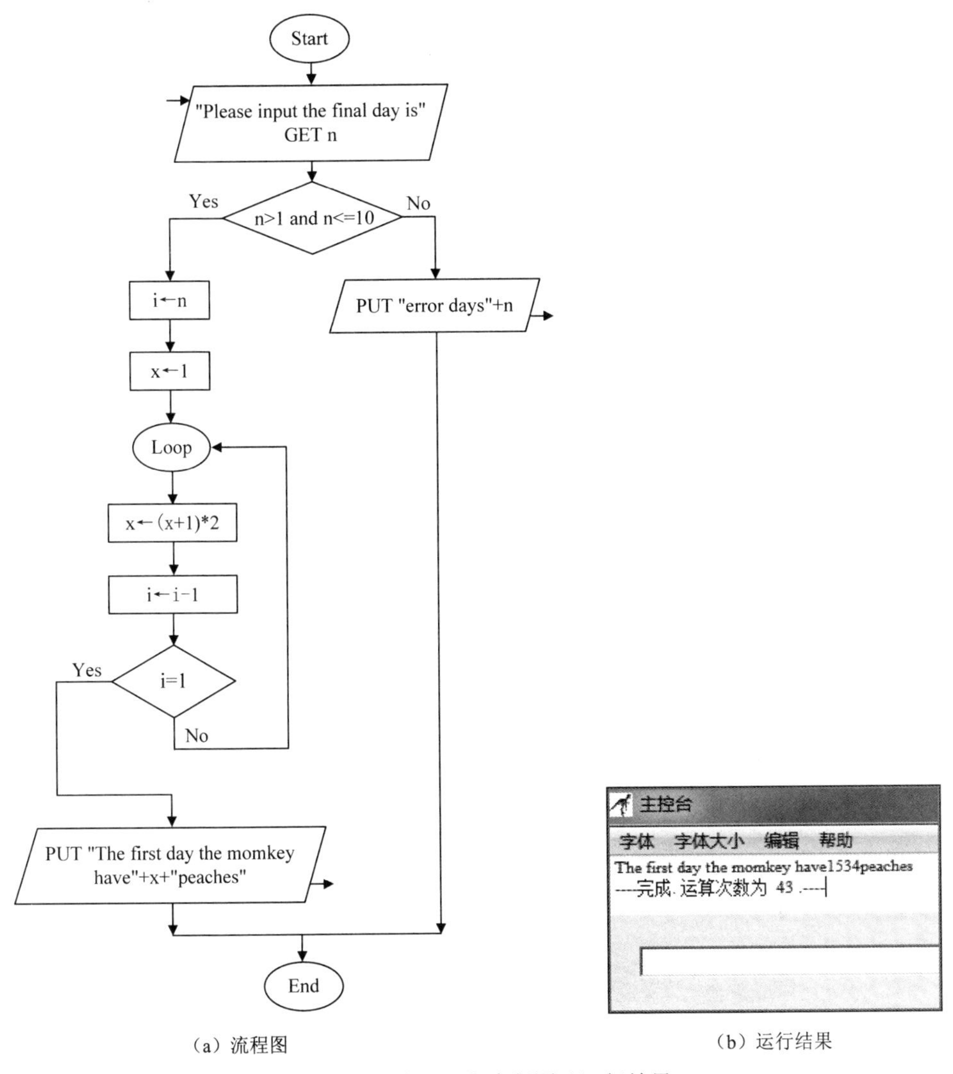

（a）流程图　　（b）运行结果

图 3-10　【例 3-7】流程图及运行结果

实验 4　算法的实现——程序设计（以 Python 语言为例）

实验目的

1）掌握描述算法的工具——流程图的用法。

2）了解描述算法的工具——程序语言（Python）的简单应用。

实验内容

【例 4-1】 程序设计语言 Python 的简单使用。

【操作步骤】

步骤 1：单击“开始”按钮，选择“所有程序”｜“Python3.6”命令，单击“IDLE”

按钮，启动 IDLE（Python3.6 32-bit），如图 4-1 所示。提示：可使用其他 Python 3.x 版本。

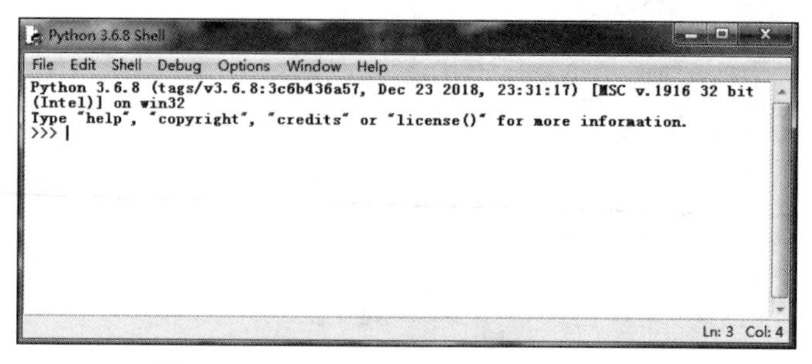

图 4-1 IDLE（Python3.6 32-bit）主界面

步骤 2：新建程序。在提示符“>>>”状态下，同时按 Ctrl+N 组合键，打开程序窗口，编写程序，如图 4-2 所示。

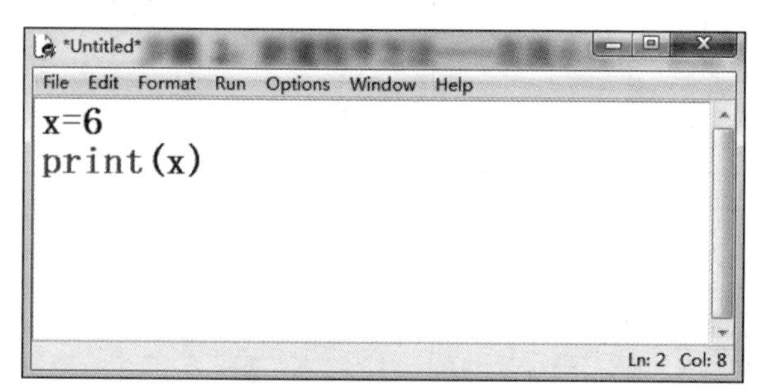

图 4-2 程序窗口

步骤 3：保存程序。在程序窗口中，同时按 Ctrl+S 组合键，打开“另存为”对话框，输入以.py 为扩展名的文件名，如图 4-3 所示，再单击“保存”按钮。

图 4-3 “另存为”对话框

步骤 4：运行程序。在程序窗口，按 F5 功能键，运行程序，结果在 IDLE 界面显示，如图 4-4 所示。

步骤 5：重新编辑已有程序：在提示符“>>>”状态下，同时按 Ctrl+O 组合键，打开“打开”对话框，查找程序，如图 4-5 所示。

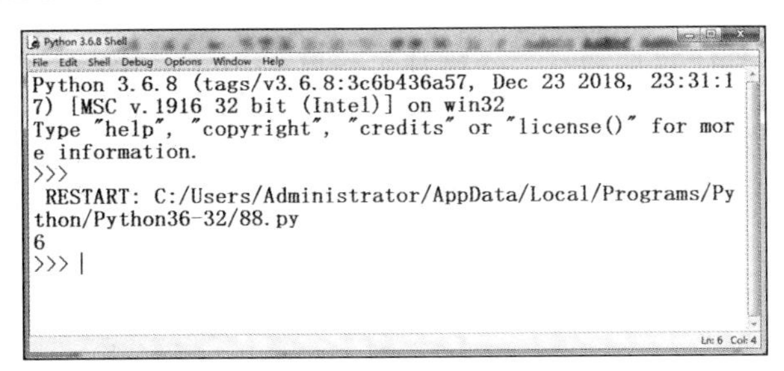

图 4-4　在 IDLE 界面显示程序运行结果

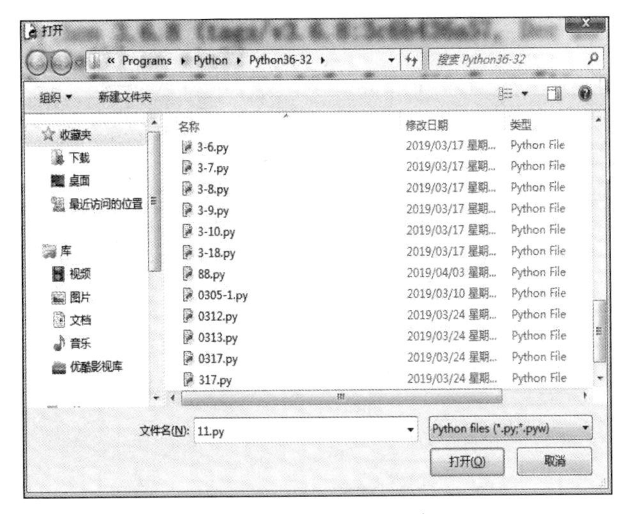

图 4-5　“打开”对话框

【例 4-2】 分别利用流程图和 Python 程序设计语言描述欧几里得算法，实现最大公约数的求解。

1）利用流程图（图 4-6）描述欧几里得算法求最大公约数（greatest common divisor，GCD）。

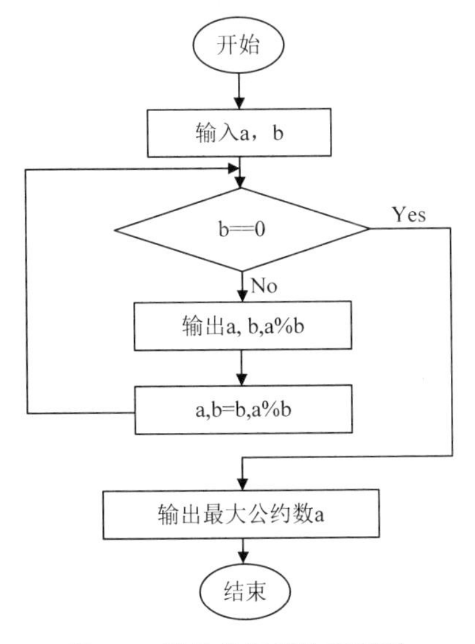

图 4-6　欧几里得算法流程图

2）使用 Python 程序设计语言描述欧几里得算法。

```
def GCD(a,b):
    if b==0:
        print("最大公约数是",a)
    else:
        print(a,b,a%b)
        GCD(b,a%b)
if __name__ == "__main__":
    a=int(input("a="))
    b=int(input("b="))
    GCD(a,b)
```

【例 4-3】 分别利用流程图和 Python 程序设计语言求解百钱买百鸡问题。

1）利用流程图（图 4-7）描述百钱买百鸡问题的求解算法。

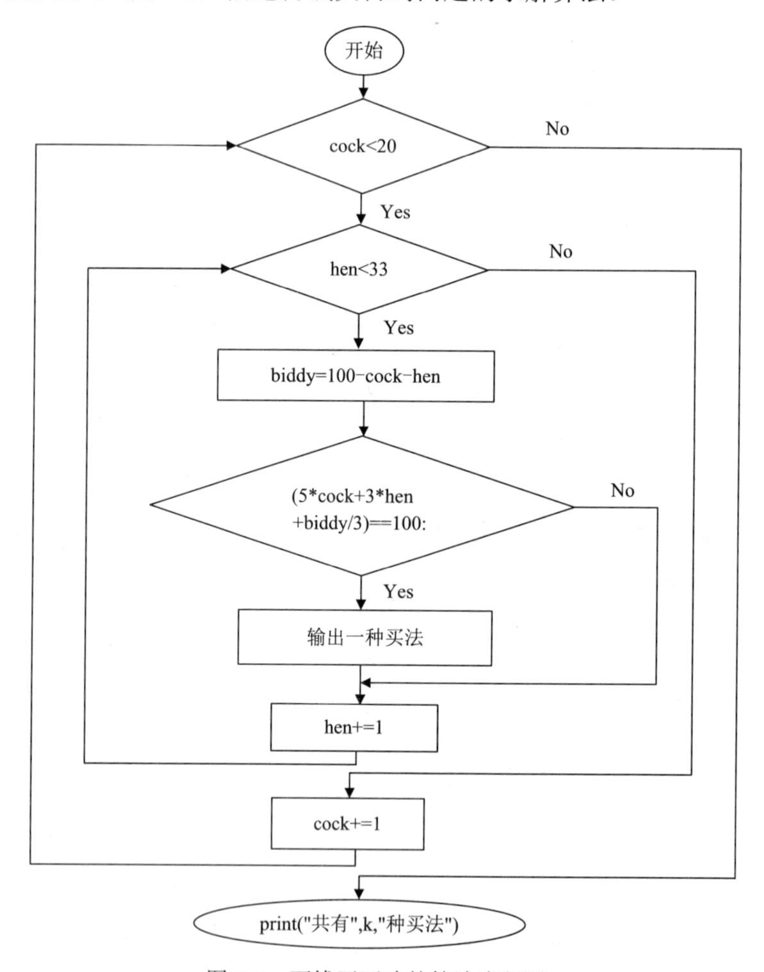

图 4-7 百钱买百鸡的算法流程图

2）使用 Python 程序设计语言描述百钱买百鸡问题的求解算法。

```
k=0
for cock in range(1,20):
    for hen in range(1,33+1):
        biddy=100-cock-hen
```

```
        if (5*cock+3*hen+biddy/3)==100:
            k+=1
            print("  公鸡  母鸡  小鸡")
            print("{0:^6d}{1:^6d}{2:^6d}".format(cock,hen,biddy))
print("共有",k,"种买法")
```

【例 4-4】 利用 Python 程序设计语言求解斐波那契序列问题。

```
n=eval(input("输入数值数据:  "))
def fib(n):
    if n < 3:
        return 1
    else:
        return fib(n-1) + fib(n-2)  # 函数fib(n)在定义中用到fib(n-1)和
                                      fib(n-2),自己调用自己,实现递归。
for i in range(1, n+1):
    print(fib(i), end=' ')
```

【例 4-5】 对数列{9，10，13，8，11，7}使用冒泡法从小到大进行排序，要求利用 Python 程序设计语言求解该问题。

解：采用由小到大的冒泡排序法，详细的排序过程如下：

初始： {9，10，13，8，11，7}
第 1 趟：{9，10，8，11，7，13}
第 2 趟：{9，8，10，7，11，13}
第 3 趟：{8，9，7，10，11，13}
第 4 趟：{8，7，9，10，11，13}
第 5 趟：{7，8，9，10，11，13}

```
def bubbleSort(nums):
    for i in range(len(nums)-1):
        for j in range(len(nums)-i-1):
            if nums[j] > nums[j+1]:
                nums[j], nums[j+1] = nums[j+1], nums[j]
    return nums
if __name__ == "__main__":
    nums = [9,10,13,8,11,7]
    print(bubbleSort(nums))
```

实验 5 Word 2010 编辑和排版实验

实验目的

1）熟练掌握 Word 2010 中基础格式的排版方法。
2）掌握 Word 2010 中表格和制表位的编辑和使用方法。
3）掌握 Word 2010 中图片的编辑和使用方法。
4）掌握 Word 2010 中邮件合并的方法。
5）掌握 Word 2010 中关于长文档的编辑排版方法。

实验内容

1. 基础格式排版

排版格式是将操作对象单元化，即将格式应用到任何选中的单元范围中。选中的单元范围包括字符（单个字符、单词、句子）、段落、节与整篇文档。

Word 有 3 个类别的格式功能：字符、段落、节与整篇文档。

打开素材文件“德国城市.docx”，如图 5-1 所示，下面的操作要求均基于此文件。

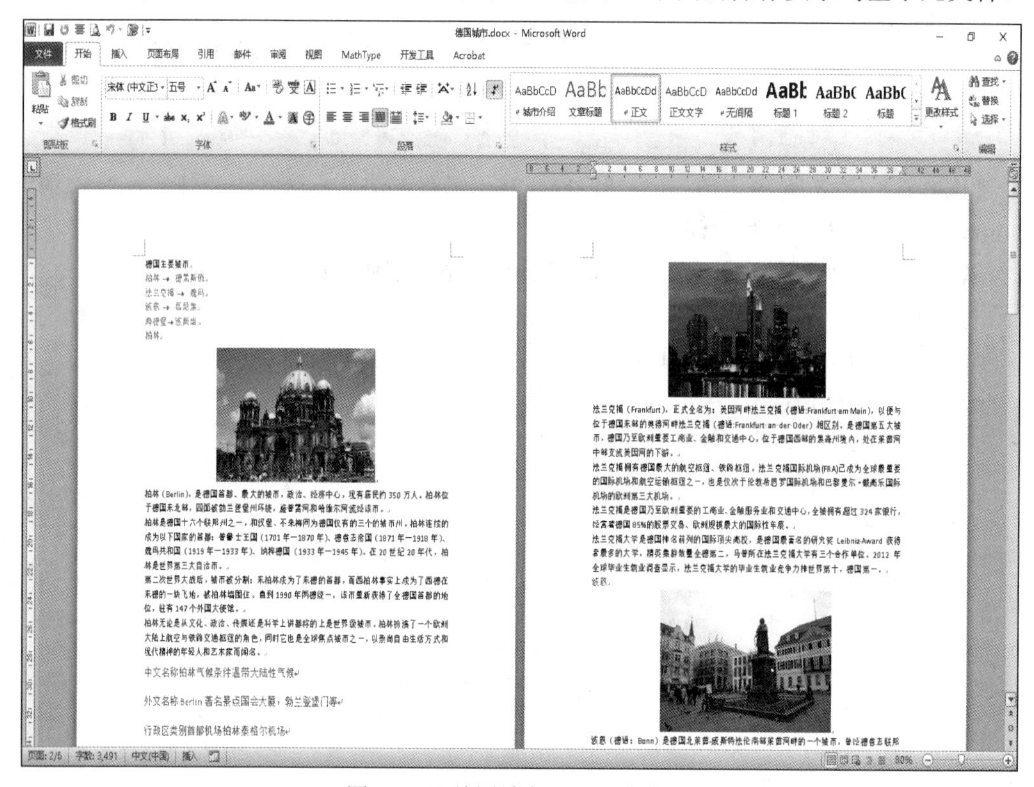

图 5-1 “德国城市.docx”内容图

1）将文档标题“德国主要城市”设置为如下格式。

中文字体：微软雅黑，加粗。

字号：小初。

对齐方式：居中。

文本效果：填充-橄榄色，强调文字颜色 3；轮廓-文本 2。

字符间距：加宽，6 磅。

段落间距：段前间距：1 行；段后间距：1.5 行。

【操作步骤】

步骤 1：选中文档中的标题文字“德国主要城市”，单击“开始”｜“字体”组右下角的对话框启动器按钮，打开“字体”对话框，如图 5-2 所示。将“中文字体”设置为“微软雅黑”，将“字形”设置为“加粗”，将“字号”设置为“小初”。切换到“高级”

选项卡，将“间距”选择为“加宽”，将“磅值”设置为“6”，单击“确定”按钮。

步骤2：选中标题段文字，单击“开始”｜“字体”｜“文字效果”按钮，打开“设置文本效果格式”对话框，在下拉列表中选择文本效果“填充-橄榄色，强调文字颜色3，轮廓-文本2”。

步骤3：选择标题段文字，单击“开始”｜“段落”组右下角的对话框启动器按钮，打开“段落”对话框，如图5-3所示。将“段前”调整为“1行”，将“段后”调整为“1.5行”，“对齐方式”选为“居中”，单击“确定”按钮。

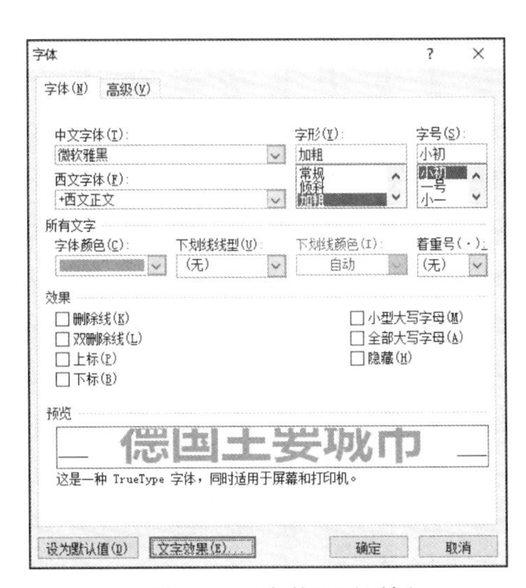

图5-2 “字体”对话框

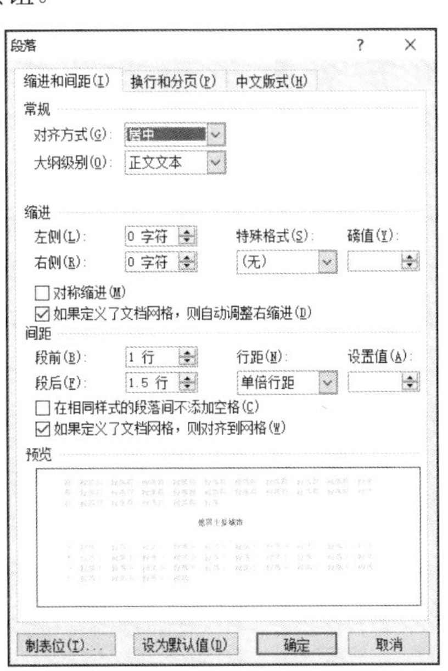

图5-3 “段落”对话框

2）修改文档的页边距，上、下页边距均为2.5厘米，左、右页边距均为3厘米。

【操作步骤】

步骤：单击“页面布局”｜“页面设置”组中的对话框启动器按钮，打开“页面设置”对话框，如图5-4所示。在“页边距”选项卡中将“上”“下”均设置为“2.5厘米”，将“左”“右”均设置为“3厘米”，单击“确定”按钮。

3）为文档设置“阴影”型页面边框及恰当的页面颜色，并设置打印时可以显示。

【操作步骤】

步骤1：选择“页面布局”｜“页面背景”｜“页面边框”选项，打开“边框和底纹”对话框，在“边框”选项卡中选择左侧“设置”中的“阴影”，单击“确定”按钮。

步骤2：选择“页面布局”｜“页面背景”｜“页面颜色”选项，在列表框中选择一种主题颜色（本例选择“茶色，背景2，深色25%”）。

步骤3：选择“文件”｜“选项”命令，打开“Word选项”对话框，如图5-5所示。选择左侧的“显示”命令，在右侧的“打印选项”中选中“打印背景色和图像”复选框，单击“确定”按钮。

步骤4：单击快速访问工具栏上的“保存”按钮。

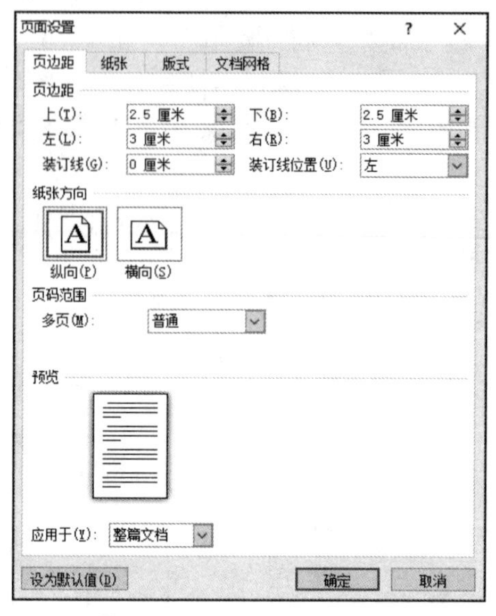

图 5-4 “页面设置”对话框

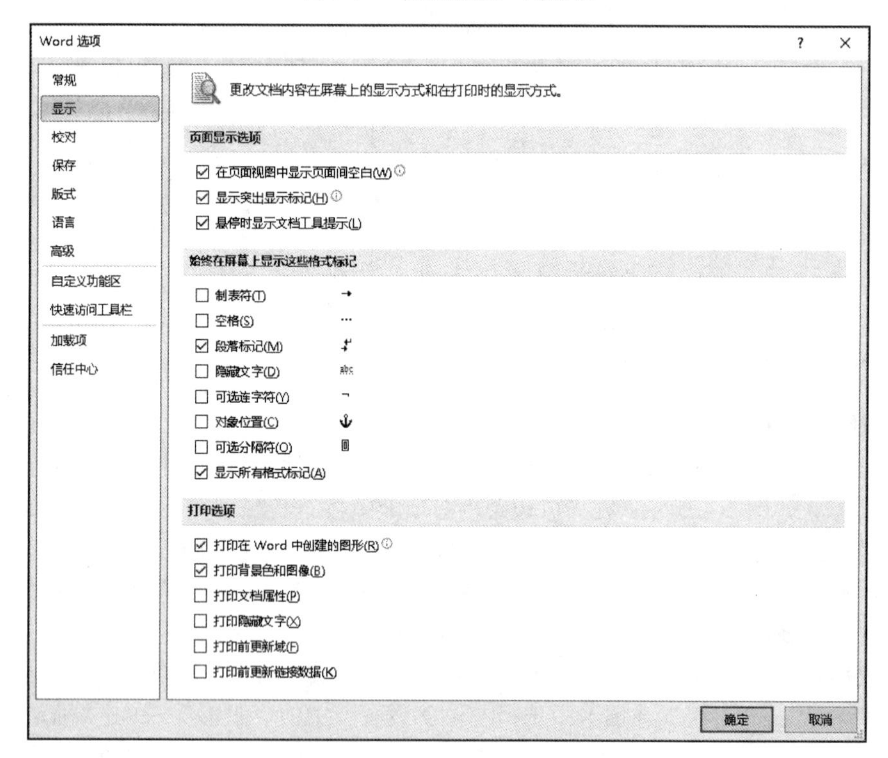

图 5-5 “Word 选项”对话框

2. 样式

一个样式包含了一组字符格式和段落格式。它规定了文档中标题、正文及要点等各个文本元素的格式。

打开素材文件“德国城市.docx”，以下操作要求均基于此文件。

1）为文档正文中除了蓝色的所有文本应用“城市介绍”样式。

【操作步骤】

步骤：按 Ctrl 键，分别选中文档正文中除了蓝色的所有文本，选择“开始”|“样式”组中的“城市介绍”，将文档正文中除了蓝色的所有文本应用“城市介绍”样式。

2）为文档中所有红色文字内容应用新建样式，新建样式要求如下。

样式名称：城市名称。

字体：微软雅黑，加粗。

字号：三号。

字体颜色：深蓝，文字 2。

段落格式：段前、段后间距为 0.5 行，行距为固定值 18 磅，并取消相对于文档网格的对齐；设置与下段同页，大纲级别为 1 级。

边框：边框类型为方框，颜色为“深蓝，文字 2”，左框线宽度为 4.5 磅，下框线宽度为 1 磅，框线紧贴文字（到文字间距磅值为 0），取消上方和右侧框线。

底纹：填充颜色为“蓝色，强调文字颜色 1，淡色 80%”，图案样式为“5%”，颜色为自动。

【操作步骤】

步骤 1：单击“开始”|“样式”组右下角的对话框启动器按钮，打开“样式”对话框，如图 5-6 所示。在最底部位置单击“新建样式”按钮，打开“根据格式设置创建新样式”对话框，如图 5-7 所示。在“属性”栏“名称”处输入文字“城市名称”；在“格式”栏中选择字体为“微软雅黑”，字号为“三号”，字形为“加粗”，颜色为“深蓝，文字 2”。

图 5-6　“样式”对话框

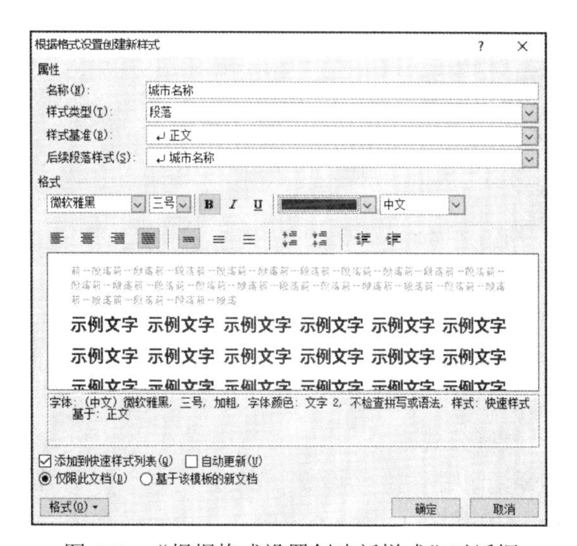

图 5-7　“根据格式设置创建新样式”对话框

步骤 2：继续单击对话框底部的“格式”按钮，在下拉列表中选择“段落”命令，打开“段落”对话框，在“缩进和间距”选项卡中将“大纲级别”调整为“1 级”；将“段前”和“段后”间距调整为0.5 行，在“行间距”下拉列表中选择“固定值”，“设置值”为“18 磅”；取消勾选“如果定义了文档网格，则对齐到网格”复选框。切换到“换行和分页”选项卡，选中“分页”组中的“与下段同页”复选框。单击“确定”按钮，关闭对话框。

步骤 3：继续单击对话框底部的“格式”按钮，在下拉列表中选择“边框”命令，打开“边框和底纹”对话框，在“边框”选项卡选择“方框”，将“颜色”设置为“深蓝，文字 2”，“宽度”选择为“1.0 磅”，再选择“自定义”，将“宽度”设置为“4.5 磅”，然后单击右侧预览中的左边框线，将左边框线宽度应用为“4.5 磅”，单击预览中的上方和右侧边框线，将其取消（注意：每处需要单击两次），最后只保留左侧和下方边框线，然后单击底部的“选项”按钮，打开“边框和底纹选项”对话框，将上、下、左、右边距全部设置为“0”，单击“确定”按钮。

步骤 4：切换到“底纹”选项卡，在“填充”栏中选择“主题颜色：蓝色，强调文字颜色 1，淡色 80%”，在“图案”栏中的样式中选择“5%”，将“颜色”设置为“自动”。设置完成后单击“确定”按钮。最后单击“根据格式设置创建新样式”对话框中的“确定”按钮，关闭对话框。

步骤 5：选中文中所有红色文字，选择“开始”|“样式”组中新建的“城市名称”样式，将所有红色城市名称应用该样式。

3. 制表位与表格

创建并选中表格后，功能区会出现“表格工具”选项卡，包括“设计”和“布局”两个选项。

（1）设计

1）表格样式选项：标题行、汇总行和镶边行等。

2）表格样式：内置表格样式、边框和底纹。

3）绘图边框：绘制表格和擦除。

（2）布局

1）表格属性。

2）自动调整。

3）行高和列宽。

4）对齐方式和文字方向。

5）单元格边距。

6）排序。

7）重复标题行。

8）表格转换为文本。

9）表格公式。

打开素材文件“德国城市.docx”，以下操作要求均基于此文件。

1）将文档第 1 页中的绿色文字内容转换为 2 列 4 行的表格，并进行如下设置，效果如图 5-8 所示。

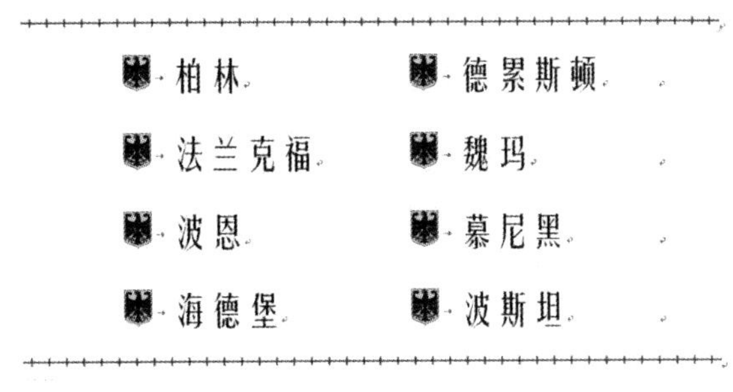

图 5-8　表格效果

① 设置表格居中对齐，表格宽度为页面的 80%，并取消所有的框线。

② 使用文件夹中的图片“项目符号.png”文件作为表格中文字的项目符号，并设置项目符号的字号为小一号。

③ 设置表格中的文字颜色为黑色，字体为方正姚体，字号为二号，其在单元格内中部两端对齐，并左侧缩进 2.5 字符。

④ 修改表格中内容的中文版式，将文本对齐方式调整为居中对齐。

⑤ 在表格的上、下方插入恰当的横线作为修饰。

⑥ 表格后插入分页符，使得正文内容从新的页面开始。

【操作步骤】

步骤 1：选中文档第 1 页的绿色文字。

步骤 2：单击“插入”｜“表格”｜“表格”按钮，在下拉列表框中选择“文本转换成表格”命令，打开“将文字转换成表格”对话框，保持默认设置，单击“确定”按钮。

步骤 3：选中整个表格，单击“开始”｜“段落”｜“居中”按钮，继续单击“表格工具布局”｜“单元格大小”组右下角的对话框启动器按钮，打开“表格属性”对话框，如图 5-9 所示。在“表格”选项卡下选中指定宽度复选框，将“度量单位”设为“百分比”，将比例调整为“80%”；继续单击对话框下方的“边框和底纹”按钮，打开“边框和底纹”对话框，在“边框”选项卡中选择“无框线”。单击“确定”按钮关闭“边框和底纹”对话框，再次单击“确定”按钮关闭“表格属性”对话框。

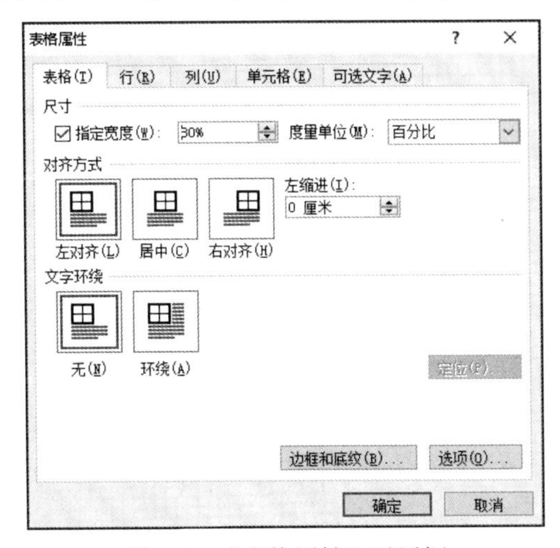

图 5-9　“表格属性”对话框

步骤 4：选中整个表格，单击“开始”｜“段落”｜“项目符号”按钮，在下拉列表中选择“定义新项目符号”命令，打开“定义新项目符号”对话框，如图 5-10 所示。单击“字体”按钮，打开“字体”对话框，将“字号”设置为“小一”，单击“确定”按钮；返回“定义新项目符号”对话框，继续单击“图片”按钮，打开“图片项目符号”对话框，单击“导入”按钮，打开“将剪辑添加到管理器”对话框，选择文件夹下的“项目符号.png”文件，单击“添加”按钮，最后关闭所有对话框。

步骤 5：选中整个表格，单击“开始”｜“字体”组右下角的对话框启动器按钮，打开“字体”对话框，将“中文字体”设置为“方正姚体”，将“字号”设置为“二号”，将“字体颜色”设置为“黑色”，单击“确定”按钮；单击“表格工具布局”｜“对齐方式”｜“中部两端对齐”按钮。

步骤 6：选中整个表格，切换到“开始”选项卡，单击“段落”组右下角的对话框启动器按钮，打开“段落”对话框，将“缩进”组中的“左侧”设置为“2.5 字符”，将“对齐方式”设置为“居中”，单击“确定”按钮。

步骤 7：将光标置于标题段之后，按 Enter 键，新建段落。单击“开始”｜“段落”｜“边框”按钮，在下拉列表中选择“边框和底纹”命令，打开“边框和底纹”对话框，单击对话框左下角的“横线”按钮，打开“横线”对话框，如图 5-11 所示。在列表框中选择参考文件“表格效果.png”所示的横线类型，单击“确定”按钮。按照同样的方法，在表格下方插入相同的横线。

步骤 8：将光标置于表格下方段落之前，单击“页面布局”｜“页面设置”｜“分隔符”按钮，在下拉列表中选择“分页符”命令。

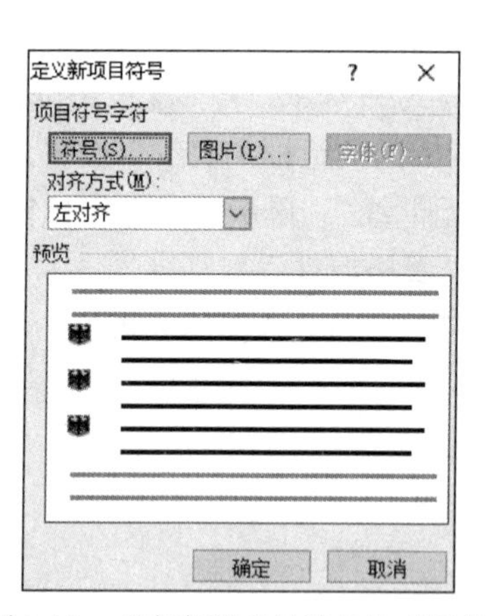

图 5-10　“定义新项目符号”对话框

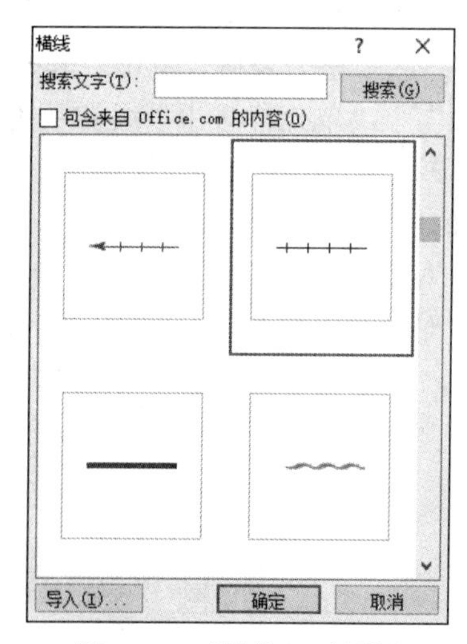

图 5-11　“横线”对话框

2）通过制表位功能将“柏林”下方蓝色文本进行格式设置，效果如图 5-12 所示。制表位具体设置要求如下。

① 设置并应用段落制表位：8 字符，左对齐，第 5 个前导符样式；18 字符，左对齐，无前导符；28 字符，左对齐，第 5 个前导符样式。

② 设置文字宽度：将第 1 列文字宽度设置为 5 字符；将第 3 列文字宽度设置为 4 字符。

中 文 名 称……柏林	气候条件………………温带大陆性气候
外 文 名 称……Berlin	著名景点………………国会大厦、勃兰登堡门等
行政区类别……首都	机　　场………………柏林泰格尔机场
地 理 位 置……德国东北部	火 车 站………………柏林中央火车站
面　　　积……891.85km²	时　　区………………UTC+1
人　　　口……356 万(2014 年末)	夏令时间………………UTC+2
人 口 密 度……4000 人/km²	著名大学………………洪堡大学、自由大学

图 5-12　制表位效果图

【操作步骤】

步骤 1：选中标题“柏林”下方蓝色文本段落中的所有文本内容。

步骤 2：单击“开始”|“段落”组右下角的对话框启动器按钮，打开“段落”设置对话框，单击对话框底部的“制表位”按钮，打开“制表位”对话框，如图 5-13 所示。在“制表位位置”中输入“8 字符”，将“对齐方式”设置为“左对齐”，“前导符”设置为“5……（5）”，单击“设置”按钮；按照同样的方法，在“制表位位置”中输入“18 字符”，将“对齐方式”设置为“左对齐”，“前导符设置”为“1 无（1）”，单击“设置”按钮；在“制表位位置”中输入“28 字符”，将“对齐方式”设置为“左对齐”，“前导符”设置为“5……（5）”，单击“设置”按钮，最后单击“确定”按钮，关闭对话框。

步骤 3：参考图 5-12，将光标置于第 1 段“中文名称”文本之后，按 Tab 键，再将光标置于“柏林”之后；按 Tab 键，继续将光标置于“气候条件”之后；按 Tab 键，按同样的方法设置后续段落。

步骤 4：选中第 1 列第 1 行文本“中文名称”，单击“开始”|“段落”|“中文版式”按钮，在下拉列表中选择“调整宽度”命令，打开“调整宽度”对话框，如图 5-14 所示。在“新文字宽度”栏中输入“5 字符”，单击“确定”按钮。设置完成后，双击“开始”|“剪贴板”|“格式刷”按钮，然后逐个选中第 1 列中的其他内容，将该样式应用到第 1 列其他行的文本中，再次单击“格式刷”按钮，取消格式刷的选中状态。

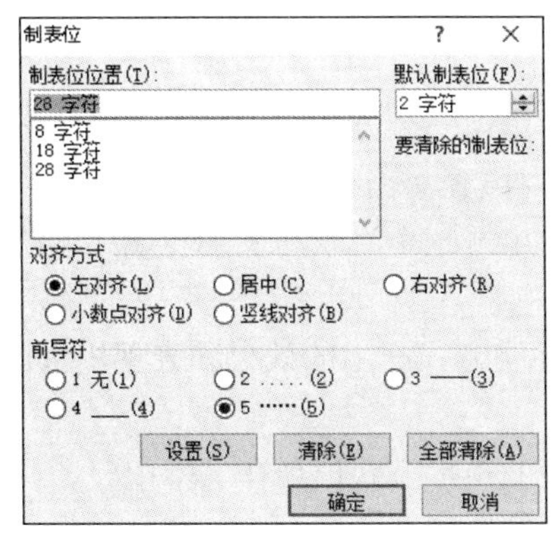

图 5-13　“制表位”对话框

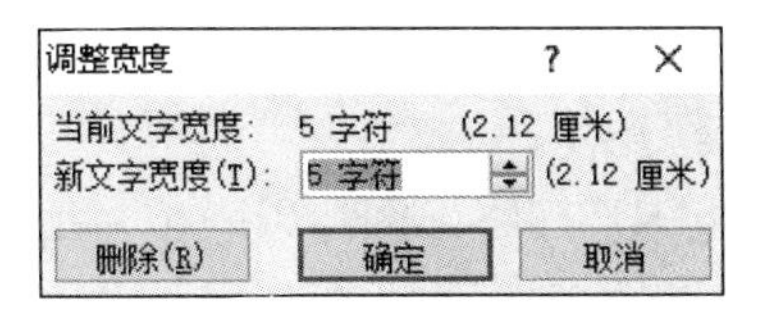

图 5-14　“调整宽度”对话框

步骤 5：选中第 3 列第 1 行文本“气候条件”，单击“开始”|“段落”|“中文版式”按钮，在下拉列表中选择“调整宽度”命令，打开“调整宽度”对话框，在“新文字宽度”栏中输入“4 字符”，单击“确定”按钮。设置完成后，双击“剪贴板”|“格式刷”按钮，然后逐个选中第 3 列中的其他内容，将该样式应用到第 3 列其他行的文本中。同理，再次单击“格式刷”按钮，取消格式刷的选中状态。

4. 图片

（1）图片的类型

1）图片：电脑磁盘中已经存在的图片文件。

2）剪贴画：Office 中自带的包括图片、声音和视频的小型艺术作品。剪贴画具体数量取决于安装的 Office 程序类型及共享功能数量。

3）形状：是指一组现成的形状，包括如矩形和圆这样的基本形状，以及各种线条和连接符、箭头总汇、流程图符号、星与旗帜和标注等。

4）文本框：Word 2010 中提供了特别的文本框编辑操作，它是一种可移动位置、可调整大小的文字或图形容器。使用文本框，可以在一页上放置多个文字块内容（像图片一样混搭），或使文字按照与文档中其他文字不同的方式排布。

5）SmartArt 图形：Word 2010 提供了丰富多彩的专业级图形。可以通过从多种不同布局中进行选择来创建 SmartArt 图形，从而快速、轻松、有效地传达信息。

6）图表：指的是 Excel 里的图表，一般不会在 Word 里直接创建，而是先到 Excel 里做好，再复制到 Word 里。

7）屏幕截图：将计算机屏幕上的桌面、窗口、对话框、选项卡等屏幕元素保存为图片。在 Windows 下用户可以使用键盘上的“打印屏幕系统请求”（Print Screen）按键进行整个屏幕的截图和当前活动窗口的截图（按住 Alt 键的同时按 Print Screen 键），还可以借助专业的屏幕截图软件进行截图。

（2）图片的设置

插入图片后会出现“图片工具格式”选项卡，具体包括如下选项。

1）图片的环绕方式。这个术语描述的是 Word 文档中图片之间及图片与文字之间的排列方式。在“图片工具格式”选项卡“排列”组“自动换行”选项中设置。

① 嵌入型：插入到文字层。可以拖动图片，但只能从一个段落标记移动到另一个段落标记中。通常用在简单演示和正式报告中。

② 四周型环绕：文本中放置图片的位置会出现一个方形的“洞”。文字会环绕在图片周围，使文字和图片之间产生间隙。可将图片拖到文档中的任意位置。

③ 紧密型环绕：文本中放置图片的位置会出现一个形状与图形轮廓相同的“洞”，使文字环绕在图片周围。

④ 穿越型环绕：从实际应用来看，这种环绕方式产生的效果和表现出来的行为与紧密型环绕相同。

⑤ 上下型环绕：图片以一个与页边距等宽的矩形方式出现在文本中。

⑥ 衬于文字下方：图片嵌入在文字层下方的绘制层。

⑦ 浮于文字上方：图片嵌入在文字层上方的绘制层。

2）图片位置。有些图片需要放在特定的位置才有意义。在“图片工具格式”选项卡“排列”组中“位置”选项中设置图片的位置，选择“位置丨其他布局选项”，打开“布局”对话框，对话框中需要注意的选项如下：

① 对象随文字移动：将图片与特定的段落关联起来，使段落始终与图片显示在同一页面上，该设置只影响页面上的垂直位置。

② 锁定标记：该设置锁定图片在页面上的当前位置。

③ 允许重叠：使用该设置允许图片对象相互覆盖。

④ 表格单元格中的版式：该设置允许使用表格在页面上安排图片的位置。

3）图片大小和裁剪。在“图片工具格式”选项卡“大小”组中设置。默认情况下，这些设置会自动保持纵横比。若要扭曲图片，可以单击“图片工具格式”丨“大小”组中的对话框启动器，在对话框中进行设置。

4）图片样式。在“图片工具格式”选项卡“图片样式”组“图片样式库”中选择设置，控制图片的显示效果。

也可以使用“图片工具格式”选项卡“图片样式”组“图片边框”、“图片效果”和“图片版式”3个工具来进一步应用和优化其他效果。

5）图片的调整。Word 还提供了 7 种用于调整图片属性的工具。在“图片工具格式”丨“调整”组中设置。

① 删除背景：根据色彩模式自动或有选择地删除图片部分。

② 更正：锐化、柔化和调整图片亮度，以便实现更好的打印和屏幕显示效果。

③ 颜色：应用不同的颜色遮罩来实现古色古香、棕褐色调、灰度和其他多种颜色效果。

④ 艺术效果：提供了23种特殊效果，如铅笔素描、粉笔素描、虚化和画图笔画等。

⑤ 压缩图片：将存储在文件中的图片缩小到所需的大小。

⑥ 更正图片：将所选图片替换为其他图片。替换的图片会采用原图片的图片样式和图片效果，以及使用“调整”组中其他工具所做的更改，但是原图片执行的裁剪和大小调整不会在新图片中生效。

⑦ 重设图片：删除使用“图片样式”、“图片效果”和其他“调整”工具（“更改”和“压缩”除外）对格式所做的更改。

制作一份简洁而醒目的个人简历，简历样式如图5-15所示。

张静是一名大学本科三年级学生，经多方面了解、分析，她希望在暑期去一家公司实习。为获得难得的实习机会，她打算利用 Word 精心打开素材文件“学生简历.docx”，以下操作要求均基于此文件。

1）根据页面布局需要，在适当的位置插入标准色为橙色与白色的两个矩形，其中橙色矩形占满 A4 幅面，文字环绕方式设为“浮于文字上方”，作为简历的背景。

【操作步骤】

步骤 1：切换到“插入”选项卡，选择“插图”丨“形状”丨“矩形”里的第一个形状；在文档上用鼠标画出一个矩形，占满整个 A4 幅面，然后切换到“绘图工具格式”选项卡，在“形状样式”组中，将“形状填充”设置为“标准色橙色”，将“形状轮廓”设置为“无轮廓”。

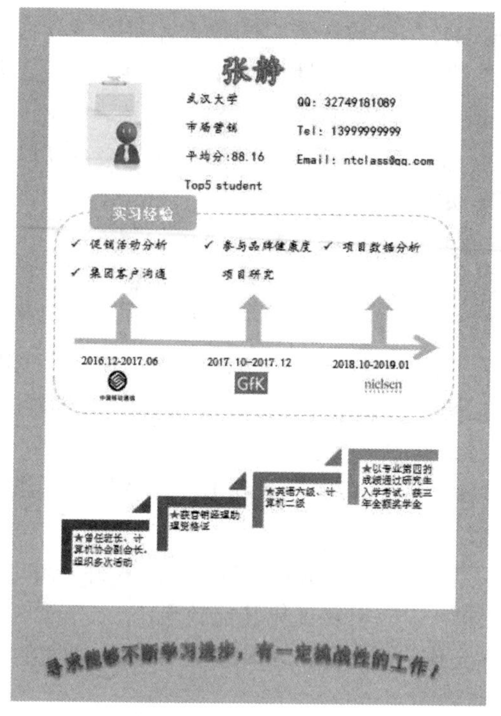

图 5-15　简历样式

步骤 2：以同样的方式再画出另一个矩形（形状填充为“标准色白色”，形状轮廓为“无轮廓”）。

步骤 3：打开文件夹中的“简历素材.txt”，将内容复制粘贴到“学生简历.docx”文件中。选中所有文字，将字体颜色设置“黑色”，靠左对齐。

步骤 4：选中这两个矩形，切换到“绘图工具格式”选项卡，选择“排列”|“自动换行”下拉列表中的“浮于文字上方”选项。

2）参照图 5-12，插入标准色为橙色的圆角矩形，并添加文字“实习经验”，插入一个短划线的虚线圆角矩形框。

【操作步骤】

步骤 1：切换到“插入”选项卡，选择“插图”|“形状”|“矩形”里的第二个形状；在文档上用鼠标画出一个圆角矩形，然后切换到“绘图工具格式”选项卡，在“形状样式”组中，将“形状填充”设置为“标准色橙色”，将“形状轮廓”设置为“无轮廓”。

步骤 2：将文字内容“实习经验”剪切复制到橙色的圆角矩形中，并放大文字“实习经验”的字号到合适的大小。

步骤 3：以同样的方式再插入一个圆角矩形（形状填充为“无颜色”，形状轮廓为“标准色橙色”，形状轮廓设置为“虚线短划线”）。为了不遮挡“实习经验”这几个字，选中短划线虚线的矩形，单击“绘图工具格式”|“排列”|“下移一层”按钮。

3）参照图 5-15，插入文本框和文字，并调整文字的字体、字号、位置和颜色。其中“张静”应为标准色橙色的艺术字，“寻求能够……”文本效果应为跟随路径的“上弯弧”。

【操作步骤】

步骤1：选中文字“张静”，切换到“插入”选项卡，选择“文本”|“艺术字”下拉列表中任意一种艺术字样式后插入一个艺术字，选中“张静”艺术字框，切换到“开始”选项卡，将字体颜色设置为“标准色橙色”。

步骤2：选中最后一行文字，用同样的方式插入艺术字，字体颜色改为“标准色橙色”，并调整字体的大小置于文档下方的位置；接着选择它，切换到“绘图工具格式”选项卡，选择“艺术字样式”|“文本效果”|“转换”选项，设置“跟随路径”为“上弯弧”。

步骤3：选中文字“武汉大学、市场营销、平均分、Top5、QQ、Tel、Email”这几段，然后切换到“插入”选项卡，选择“文本”|“文本框”下拉列表中的“绘制文本框”，插入一个水平文本框；根据参考样式，将QQ、Tel、Email这3段分别剪切、粘贴到“武汉大学、市场营销、平均分”这几段的后面，使用Tab键的制表符对齐。选中此文字框，设置字体和字号，最后将形状轮廓设置为“无轮廓”。

步骤4：依次插入8个水平文本框，复制文本框的文字内容分别为“促销活动分析”“参与品牌健康度”“项目数据分析”“集团客户沟通”“项目研究”“2016.12-2017.06”“2017.10-2017.12”“2018.10-2019.01”，根据参考样式，将8个文本框调整到合适的位置。选中8个文本框，将字号设置成“小四”，最后将形状轮廓设置为“无轮廓”。

4）根据页面布局需要，插入文件夹下图片“1.png”，依据样例进行裁剪和调整，并删除图片的剪裁区域，然后根据需要插入图片2.jpg、3.jpg、4.jpg，并调整图片位置。

【操作步骤】

步骤1：双击打开文件夹中的图片“1.png”，窗口最大化，滑动窗口滑块显示需要裁剪处理的图片部分。

步骤2：切换到“学生简历.docx”文件窗口，选择“插入”|“插图”|“屏幕截图”|“屏幕剪辑”选项，这时屏幕会显示步骤1打开的图片窗口，当屏幕变成灰色后，用鼠标在需要裁剪的图片部分拖拉，这部分图片就会被剪辑到“学生简历.docx”文件中，切换到“绘图工具格式”选项卡，选择“排列”|“自动换行”|“浮于文字上方”选项，将剪辑出来的图片放到合适的位置。注意：上述两个步骤主要练习使用Word提供的屏幕截图功能。

步骤3：选择“插入”|“插图”|“图片”选项，打开“图片”对话框，找到文件夹中的图片“2.jpg”，单击“插入”按钮。同理，插入图片“3.jpg”和“4.jpg”，然后将这3张图片都设置为“浮于文字上方”，放到合适的位置。

5）参照图5-15，在适当的位置使用形状中的标准色橙色箭头（提示：其中横向箭头使用线条类型箭头），插入SmartArt图形，并进行适当编辑。

【操作步骤】

步骤1：切换到“插入”选项卡，在“插图”组中选择“形状”|“线条”中的第二个形状，按住Shift键，在相应的位置画一条横线。选中这个箭头，切换到“绘图工具格式”选项卡，选择“形状样式”|“形状轮廓”|“粗细”选项，并设置为“4.5磅”，选择“形状轮廓”的颜色为“标准色橙色”。

步骤 2：切换到“插入”选项卡，在“插图”组中选择“形状”|“箭头汇总”中的第三个名为“上箭头”的形状，在相应位置上画第一个向上箭头，设置形状填充为“标准色橙色”，形状轮廓设置为“无轮廓”。选中此上箭头，按 Ctrl 键，拖动两次鼠标复制另外两个向上箭头。

步骤 3：切换到“插入”选项卡，选择“插图”组中的“SmartArt”选项，打开对话框，选择“流程”中的“步骤上移流程”，插入一个 SmartArt 图形；切换到“SmartArt 工具格式”选项卡，选择“自动换行”下拉列表中的“浮于文字上方”选项，将 SmartArt 图形缩放到合适的大小并移动到合适的位置；将余下的 4 行内容复制到 SmartArt 图形里相应的文本框中；切换到“SmartArt 工具设计”选项卡，在“SmartArt 样式”组选择“更改颜色”选项。

步骤 4：根据图 5-15 所示，把所有的图片统一放到相应的合适位置。

6）参照图 5-15，在“促销活动分析”等 4 处使用项目符号“√”，在“曾任班长”等 4 处插入符号“五角星”，颜色为标准色红色。调整各部分的位置、大小、形状和颜色，以展现统一、良好的视觉效果。

【操作步骤】

步骤 1：选中内容为“促销活动分析”的文本框，选择“开始”|“段落”|“项目符号”为“√”，根据参考样式，将剩余的 3 个也设置项目符号“√”。调整所有文本框的大小，使得文字都能看见。

步骤 2：选中 SmartArt 图形，将光标放在文本框内容“曾任班长”的前面，切换到“插入”选项卡，选择“符号”|“符号”下拉列表中的“其他符号”选项，打开对话框。在“字体”下拉列表中选择“宋体”，“子集”下拉列表中选择“其他符号”，选中实心的五角星，然后单击“插入”按钮。选中五角星，切换到“开始”选项卡，设置字体颜色为“标准色红色”。把红色五角星复制到 SmartArt 图形另外几个文本框里文字内容的最前面。

5. 邮件合并

使用邮件合并，可以创建针对每个收件人的个性化的大量邮件。可以向标签、信函、信封或电子邮件添加各种元素，包括问候语、完整的文档，甚至是图像。Word 随后会自动使用收件人信息填充域，合并生成所有单个文档。

设置邮件合并或数据文档涉及以下几个步骤：

1）设置文档类型：信函、电子邮件、信封、标签和目录。

2）将数据源与文档相关联：新建数据源、Outlook 联系人或其他源（Word 表格、Excel 表格和 Access 表格）。

3）设计：通过结合普通文档功能与 Word 合并域来设计数据文档。

4）测试预览：查看包含数据记录不同时的文档有什么区别。

5）合并：将数据文档与数据源合并起来，创建一个打印结果、一个合并后保存的新文档或一个电子邮件文档。

打开素材文件“请柬主文档.docx”，如图 5-16 所示，运用邮件合并功能制作内容相同的多份请柬。以下操作要求均基于此文件。

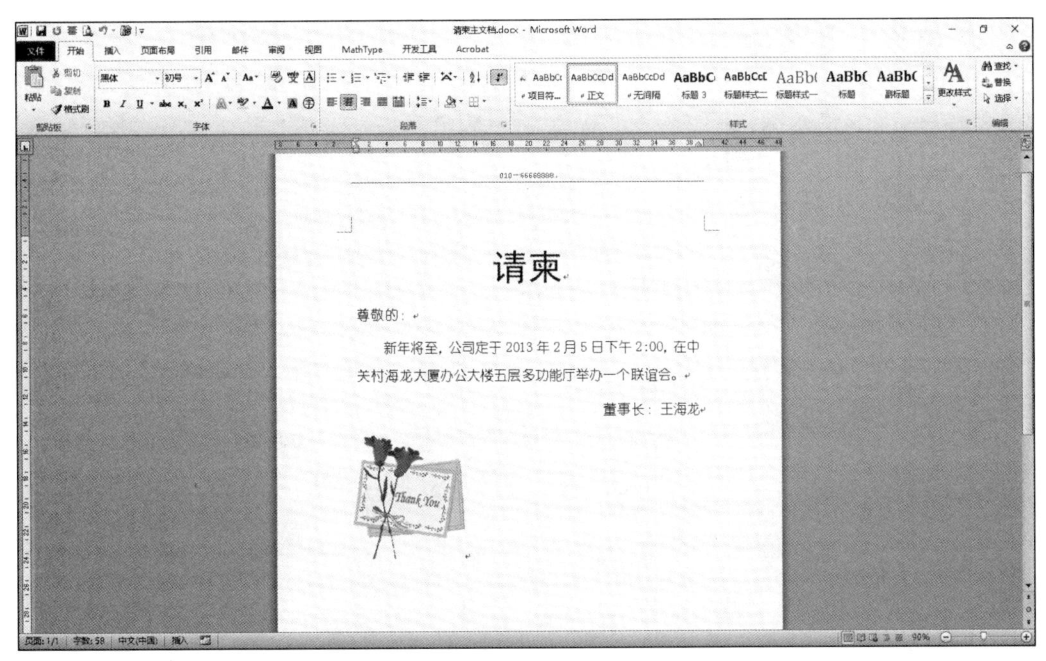

图 5-16 “请柬主文档.docx”内容图

1）在“尊敬的”文字后面，插入拟邀请的客户姓名和称谓。拟邀请的客户姓名在文件夹下的“重要客人名录.xlsx”文件中，客户称谓则根据客户性别自动显示为“先生”或“女士”，如“范俊弟先生”“黄雅玲女士”。

2）合并生成包含每个客户的邀请函文件“请柬单.docx”，合并后的文件中，每个客户占 1 页内容，且每页邀请函中只能包含 1 位客户姓名。

【操作步骤】

步骤 1：光标置于“尊敬的”和冒号之间，切换到“邮件”选项卡，选择“开始邮件合并”｜“邮件合并分步向导”命令，打开“邮件合并”对话框，如图 5-17 所示。

步骤 2：选择文档类型为“信函”，单击“下一步：正在启动文档”。

步骤 3：选择“使用当前文档”，单击“下一步：选择收件人”。

步骤 4：选择收件人为“使用现有列表”，然后单击“浏览…”按钮，打开对话框，选择文件夹中的“重要客人名录.xlsx”文件，单击“打开”按钮，打开“邮件合并收件人”对话框，单击“确定”按钮，再单击“确定”按钮，看到显示“通讯录”，说明插入成功，单击“下一步”按钮。

步骤 5：单击其他项目，打开对话框，选择“姓名”插入，然后关闭对话框，此时的光标在“姓名”后面，选择“邮件”｜“编写和插入域”｜“规则”｜“如果…那么…否则”，打开“插入 Word 域:IF”对话框，如图 5-18 所示。在“域名”下方的下拉列表中选择“性别”，“比较条件”选为“等于”，“比较对象”选择“男”，“则插入此文字”选择“先生”，“否则插入此文字”选择“女士”，单击“确定”按钮。此时的“姓名”旁边会出现“先生”，单击“下一步”按钮。

步骤 6：预览信函，可以在“邮件”｜“预览结果”组中单击“上一记录”按钮和“下一记录”按钮，预览每个信函的情况，单击“下一步”按钮。

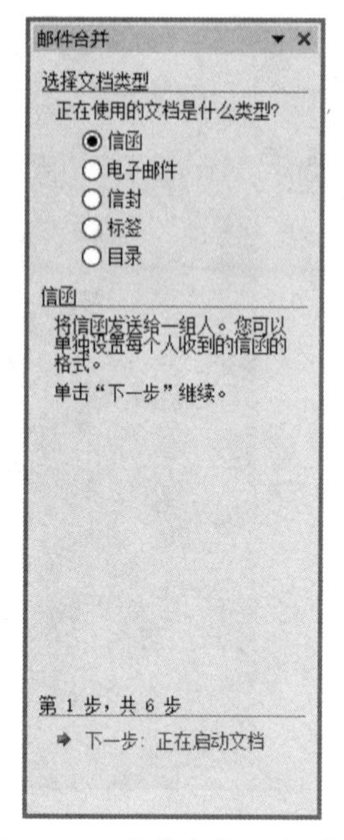

图 5-17 “邮件合并”对话框

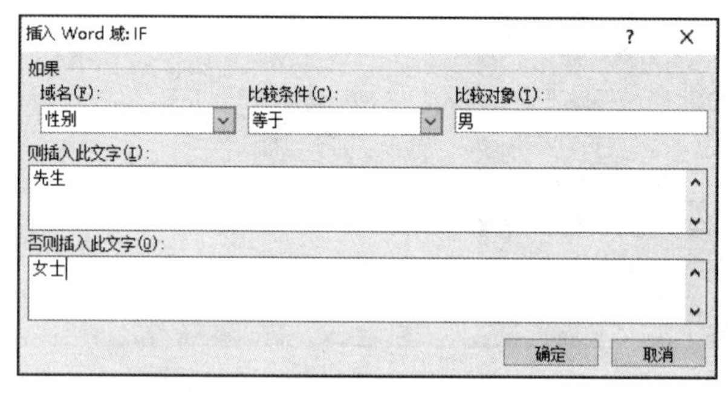

图 5-18 “插入 Word 域:IF”对话框

步骤 7：完成合并。单击“编辑单个文档”按钮，打开“合并到新文档”对话框，选中“全部”复选框，单击“确定”按钮。自动生成并打开“信函 1.docx”文件窗口，单击“保存”按钮，打开“另存为”对话框，把“信函 1.docx”文件的文件名保存为“请柬单.docx”。

6. 分节

Word 使用分节符分隔格式不同的文档部分。

（1）分节

1）文档编排中，某几页需要横排，或者需要不同的纸张、页边距等，那么可以将这几页单独设为一节。

2）文档编排中，首页、目录部分的页眉页脚、页码与正文部分需要不同，那么将首页、目录部分作为单独的节就可以分别设置了。

3）如果前后内容的页面编排方式都一样，只是需要新的一页开始新的一章，那么一般用分页符即可，用分节符（下一页）也行。

（2）分节符类型

1）下一页：分节符后的文本从新的一页开始。

2）连续：新节与其前面一节同处于当前页中。

3）偶数页：分节符后面的内容转入下一个偶数页。

4）奇数页：分节符后面的内容转入下一个奇数页。

（3）插入分节符

选择“页面布局”选项卡“页面设置”组中的“分隔符”选项。

（4）自动分节符

因为某些格式设置需要借助于分节符才能在一个文档中实现多种变化，所以在对选定文本应用某些格式（如分栏、封面）时，Word 会自动插入一个或多个分节符。Word 有时可以正确地插入分节符，有时不能，因此需要注意观察。

打开素材文件“黑客技术.docx”，如图 5-19 所示。以下操作要求均基于此文件。

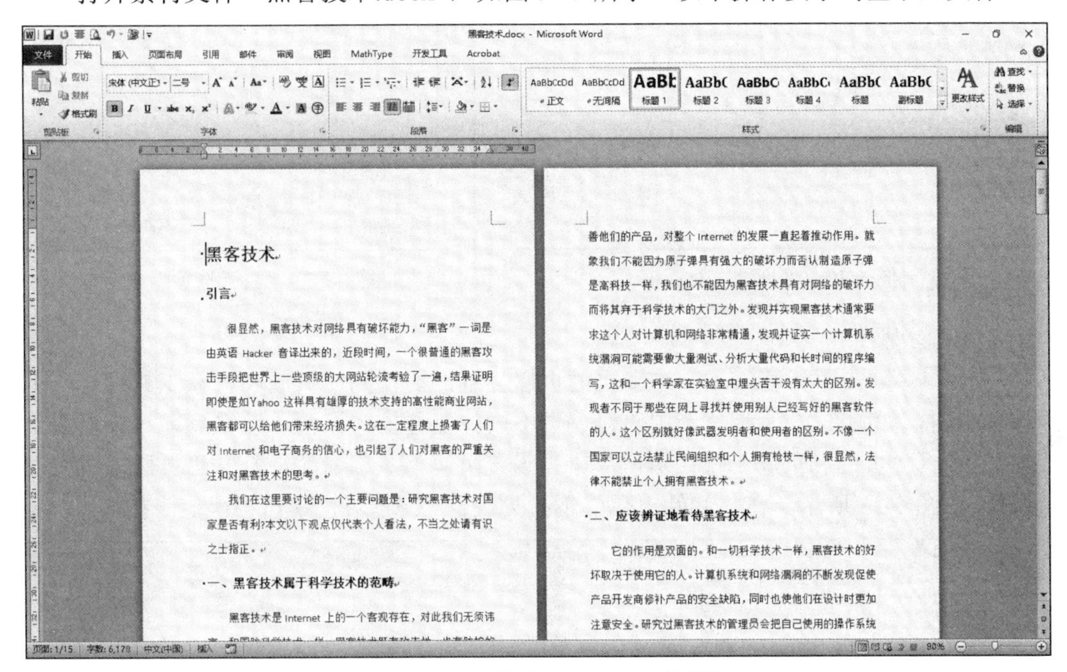

图 5-19 “黑客技术.docx”内容预览

1）在文件中标题文字“黑客技术”已经应用了“标题 1”样式，“引言”段落和编号“一、二、三……”的段落已经应用了“标题 2”样式，编号“(一)、(二)、(三)……”的段落已经应用了“标题 3”样式。

2）现要求在文档第 1 页的开始位置插入只显示 2 级和 3 级标题的目录，并用分节方式令其独占一页。

【操作步骤】

步骤 1：将光标放到“黑客技术”的前面，选择“页面布局”|“页面设置”|“分隔符”|“分节符”|“下一页”命令，插入分节符。

步骤 2：将光标置于文章最前面，切换到“引用”|“目录”组，选择“目录”下拉列表中的“插入目录”，打开“目录”对话框，如图 5-20 所示。

步骤 3：在“目录”对话框中单击“选项”按钮，打开“目录选项”对话框，如图 5-21 所示。将“目录级别”里的数字“1”删除，单击“确定”按钮，返回“目录”对话框，再次单击“确定”按钮。

3）文档除目录页外均显示页码，正文开始为第 1 页，奇数页码显示在文档的底部右侧，偶数页码显示在文档的底部左侧。文档偶数页加入页眉，页眉中显示文档标题“黑客技术”，奇数页页眉没有内容。

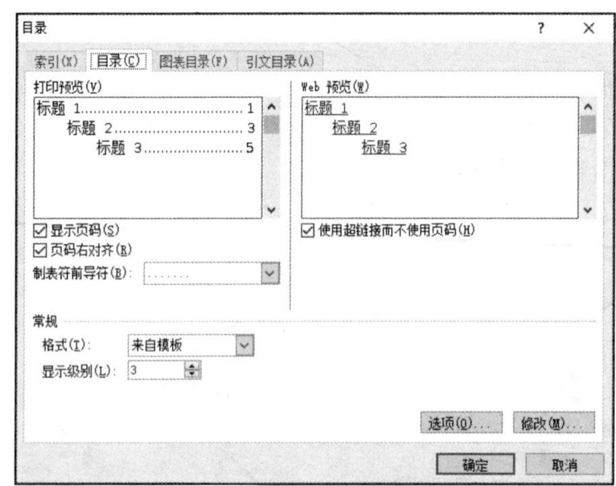

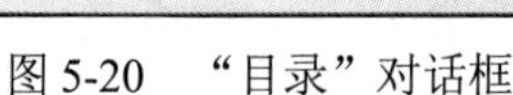
图 5-20 “目录”对话框

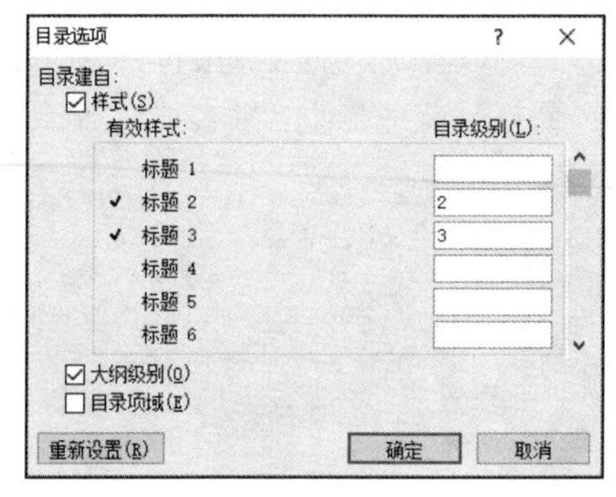

图 5-21 “目录选项”对话框

【操作步骤】

步骤 1：双击“黑客技术”这一页的页眉位置，切换到“页眉和页脚工具设计”｜“选项”组，如图 5-22 所示。选中“奇偶页不同”复选框，取消“链接到前一条页眉”选项，选择“页眉和页脚”｜“页码”｜“设置页码格式”命令，打开“页码格式”对话框，如图 5-23 所示。在“起始页码”下拉列表框中选择 1，单击“确定”按钮。

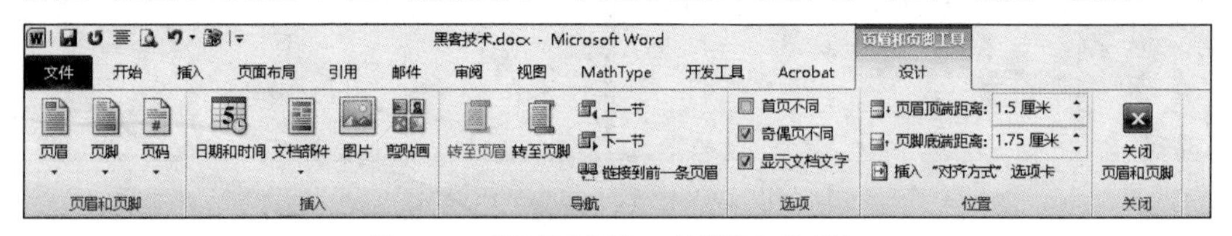

图 5-22 “页眉和页脚工具设计”选项卡

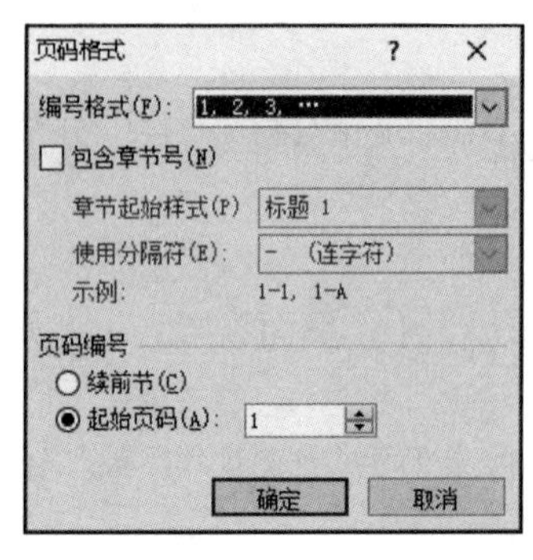

图 5-23 “页码格式”对话框

步骤 2：切换到“黑客技术”（奇数页）的页脚，在“页眉和页脚工具设计”｜“选项”组中取消“链接到前一条页眉”选项，选择“页眉和页脚”｜“页码”｜“页面底端”｜“普通数字 3”命令，插入页码。切换到“开始”选项卡，将“段落”组中的“对齐方式”设置为右对齐。

步骤 3：切换到下一页（偶数页）的页脚，在“页眉和页脚工具设计”｜“选项”组中取消“链接到前一条页眉”选项，选择“页眉和页脚”｜“页码”｜“页面底端”｜“普通数字 1”命令，插入页码。切换到“开始”选项卡，将“段落”组中的“对齐方式”设置为左对齐。

步骤 4：切换到偶数页页眉，输入标题内容“黑客技术”，并设置对齐方式为“居中”。

步骤 5：切换到“页眉和页脚工具设计”选项卡，选择“关闭页眉和页脚”命令。

实验 6　Excel 2010 电子表格实验

实验目的

1）熟练掌握 Excel 2010 工作簿、工作表和单元格的基本操作。
2）熟练掌握 Excel 2010 中“表格”的定义和使用方法。
3）熟练掌握 Excel 2010 公式的方法。
4）熟练掌握 Excel 2010 的数据透视表及数据透视图的方法。

实验内容

1. 工作簿、工作表和单元格

新建一个工作簿文件默认包含 3 个工作表，每个工作表中包含 2^{20} 行和 2^{14} 列单元格，单元格是 Excel 工作表中最小的操作单元。

在“文件”选项卡“选项”命令项的“常规”组中，“新建工作簿时包含的工作表数为 3 个”，最多可设置到 255 个，可以再手动插入工作表。工作表个数的多少与内存大小有关，实际可以远远大于 255 个。

打开素材文件“学生成绩表.xlsx”，如图 6-1 所示。以下操作要求均基于此文件。

学号	姓名	班级	语文	数学	英语	生物	地理	历史	政治	总分	平均分
120305	包宏伟		91.5	89	94	92	91	86	86		
120203	陈万地		93	99	92	86	86	73	92		
120104	杜学江		102	116	113	78	88	86	73		
120301	符合		99	98	101	95	91	95	78		
120306	吉祥		101	94	99	90	87	95	93		
120206	李北大		100.5	103	104	88	89	78	90		
120302	李娜娜		78	95	94	82	90	93	84		
120204	刘康锋		95.5	92	96	84	95	91	92		
120201	刘鹏举		93.5	107	96	100	93	92	93		
120304	倪冬声		95	97	102	93	95	92	88		
120103	齐飞扬		95	85	99	98	92	92	88		
120105	苏解放		88	98	101	89	73	95	91		
120202	孙玉敏		86	107	89	88	92	88	89		
120205	王清华		103.5	105	105	93	93	90	86		
120102	谢如康		110	95	98	99	93	93	92		
120303	闫朝霞		84	100	97	87	78	89	93		
120101	曾令煊		97.5	106	108	98	99	99	96		
120106	张桂花		90	111	116	72	95	93	95		

图 6-1　“学生成绩表.xlsx”内容图

1）对工作表“学生成绩表”中的数据进行格式化操作：将第一列“学号”列设为文本，将所有成绩列设为保留两位小数的数值；适当加大行高、列宽，改变字体、字号，设置对齐方式，增加适当的边框和底纹，使工作表更加美观。

【操作步骤】

步骤 1：单击列号 A，选中“学号”这一列，单击“开始”｜“数字”组中的对话框启动器，打开“设置单元格格式”对话框，如图 6-2 所示。在“数字”选项卡中选择“文本”命令，单击“确定”按钮。同理，选中 D 列到 L 列（“语文”列到“平均分”列），选择“设置单元格格式”｜“数字”｜“数值”命令，右侧小数位数自动呈现两位小数，单击“确定”按钮，关闭对话框。

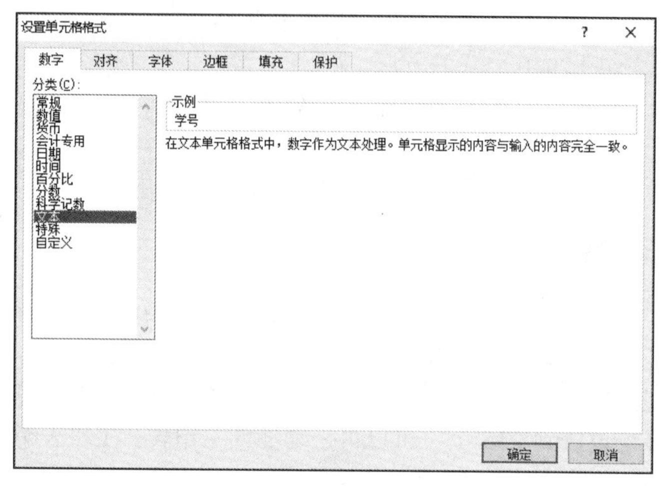

图 6-2　“设置单元格格式”对话框

步骤 2：单击列号 A，按住鼠标左键向右拖动到 L 列，从而选中所有数据列，在蓝色的范围内（也就是所选列的范围内）右击，在弹出的快捷菜单中选择“列宽”命令，打开“列宽”对话框，如图 6-3 所示。将列宽设置为“10”，单击“确定”按钮。

单击行号 1，按住鼠标左键向下拖动到 19 行，从而选中所有数据行，在蓝色范围内（也就是所选行的范围内）右击，在弹出的快捷菜单中选择“行高”命令，打开“行高”对话框，如图 6-4 所示。将行高设置为“20”，单击“确定”按钮。

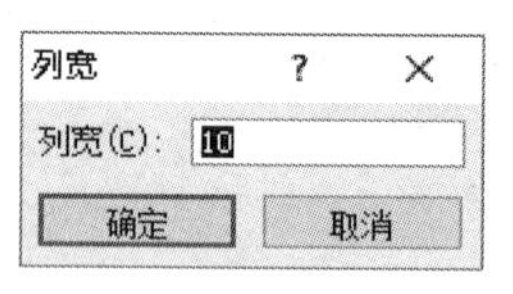

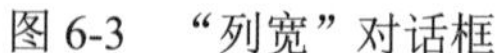

图 6-3　“列宽”对话框

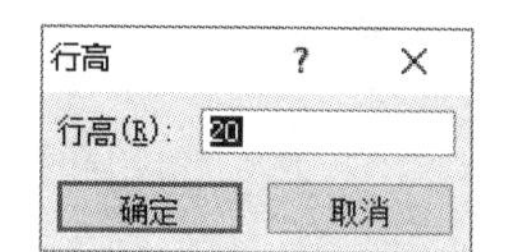

图 6-4　“行高”对话框

步骤 3：单击 A1 单元格，按住鼠标左键拖动到 L19 单元格，从而选择单元格区域 A1：L19，单击“开始”｜“字体”组右下角的对话框启动器按钮，打开“设置单元格格式”对话框，如图 6-5 所示。在“字体”选项卡中将字体设为“微软雅黑”，字号设为“14”（这里的字体和字号可以自己选择，只要不和原来的一样就可以了）。

切换到“对齐”选项卡，将“水平对齐”和“垂直对齐”均设为居中。

切换到“边框”选项卡，先选择“粗实线”画外框，再选择“细实线”画内框，如图 6-6 所示。

切换到“填充”选项卡，“背景色”中选择标准色黄色，“图案样式”选择“细水平条纹”，“图案颜色”选择标准色浅蓝，如图 6-7 所示。

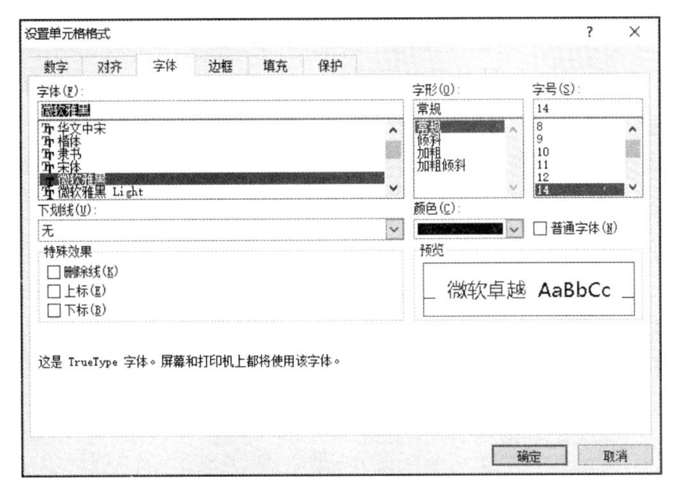

图 6-5　“设置单元格格式”对话框“字体”选项卡

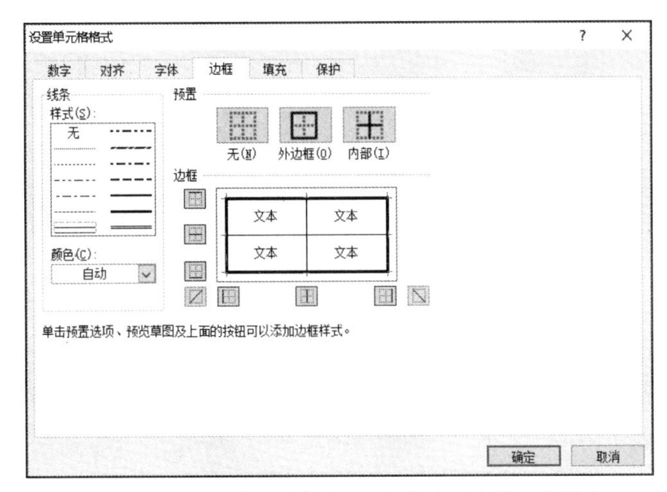

图 6-6　“设置单元格格式”对话框“边框”选项卡

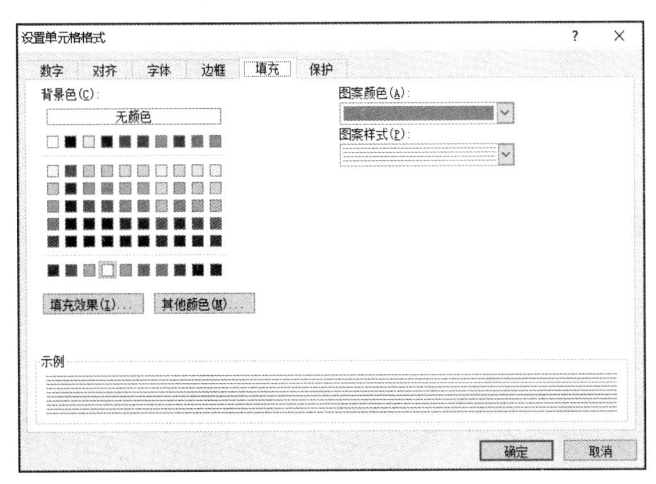

图 6-7　“设置单元格格式”对话框“填充”选项卡

2）利用“条件格式”功能进行下列设置：将语文、数学、英语三科中不低于 110

分的成绩所在的单元格以一种颜色填充，其他四科中高于 95 分的成绩以另一种字体颜色标出，所用颜色深浅以不遮挡数据为宜。

【操作步骤】

步骤 1：选中单元格区域 D2:F19，切换到“开始”选项卡，选择“样式”｜“条件格式”｜“突出显示单元格规则”｜“其他规则”选项，打开“新建格式规则”对话框，如图 6-8 所示。在“编辑规则说明”中设置“单元格值”“大于或等于”“110”，然后单击“格式”按钮，打开“设置单元格格式”对话框，在“填充”选项卡中把背景色设为“标准色绿色”，单击“确定”按钮，再单击“确定”按钮。

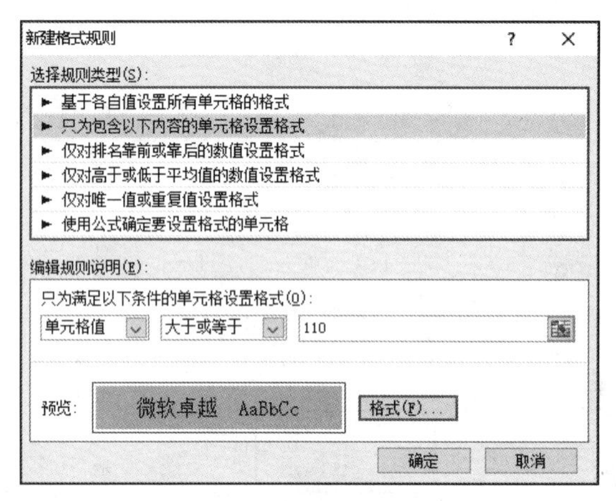

图 6-8 “新建格式规则”对话框

步骤 2：选中单元格区域 G2:J19，切换到“开始”选项卡，选择“样式”｜“条件格式”｜“突出显示单元格规则”｜“大于”选项，打开“大于”对话框，如图 6-9 所示。将值“95”设为“红色文本”，单击“确定”按钮。

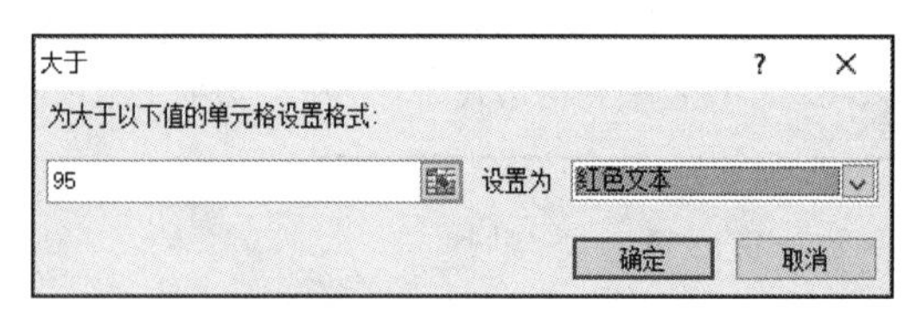

图 6-9 “大于”对话框

3）复制工作表“学生成绩表”，将副本置于原工作表之后；改变该副本表标签的颜色，并重新命名为“期末成绩汇总”字样。

【操作步骤】

步骤 1：右击工作表标签“第一学期期末成绩”，在弹出的快捷菜单中选择“移动或复制”命令，打开“移动或复制工作表”对话框，如图 6-10 所示。在对话框中选中“建立副本”复选框，在“下列选定工作表之前”中选择“Sheet2”，单击“确定”按钮。

注意：复制的工作表要在原表之后，也就是在“Sheet2”工作表之前。

步骤 2：这时可以看到在工作表标签“第一学期期末成绩”后面复制出一个名为“第一学期期末成绩（2）”的新工作表。

右击工作表标签“第一学期期末成绩（2）”，在弹出的快捷菜单中选择“工作表标签颜色”中的“标准色红色”。

右击工作表标签“第一学期期末成绩（2）”，在弹出的快捷菜单中选择“重命名”，输入工作表名称“期末成绩汇总”。

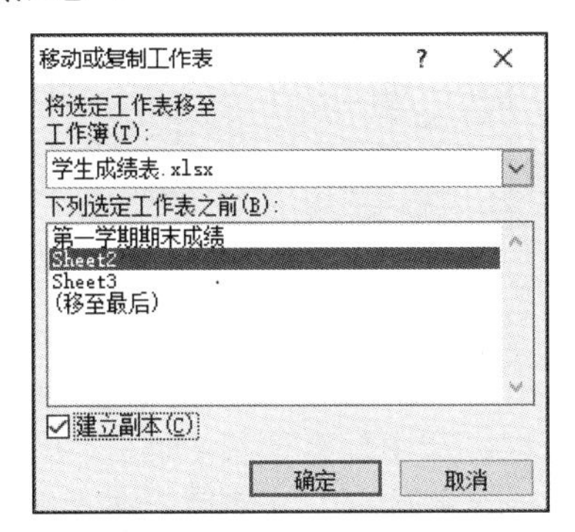

图 6-10　“移动或复制工作表”对话框

2. Excel 表格的定义及使用

Excel 的数据区域分为普通数据区域和表格数据区域。

打开素材文件“城市降水量统计表.xlsx”，如图 6-11 所示。以下操作要求均基于此文件。

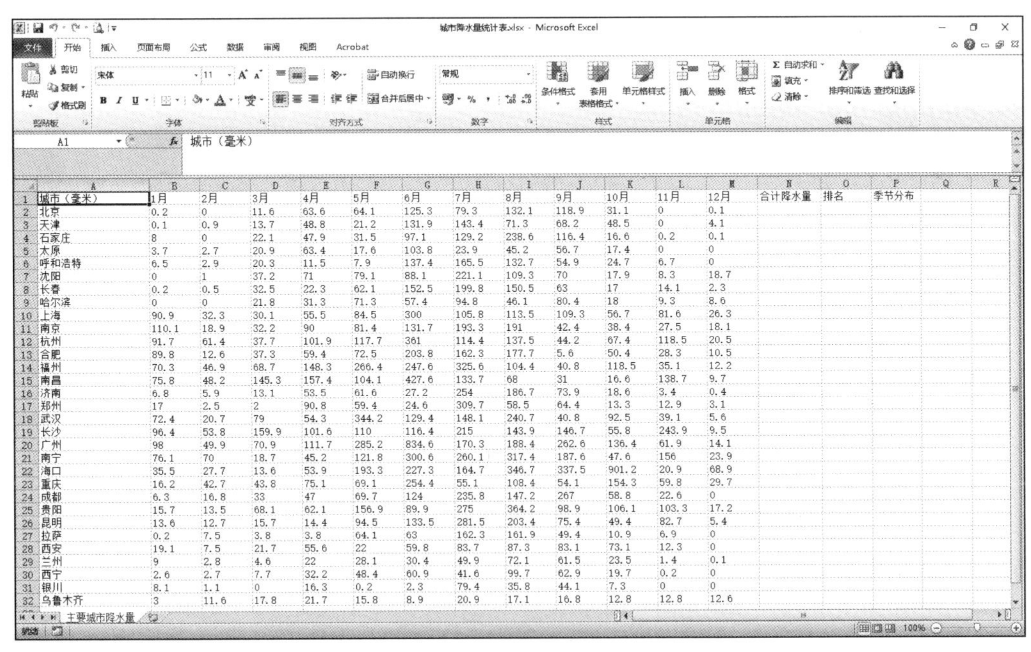

城市（毫米）	1月	2月	3月	4月	5月	6月	7月	8月	9月	10月	11月	12月	合计降水量	排名	季节分布
北京	0.2	0	11.6	63.6	64.1	125.3	79.3	132.1	118.9	31.1	0	0.1			
天津	0.1	0.9	13.7	48.8	21.2	131.9	143.4	71.3	68.2	48.5	0	4.1			
石家庄	8	0	22.1	47.9	31.5	97.1	129.2	238.6	116.4	16.6	0.2	0.1			
太原	3.7	2.7	20.9	63.4	17.6	103.8	23.9	45.2	56.7	17.4	0	0			
呼和浩特	6.5	2.9	20.3	11.5	7.9	137.4	165.5	132.7	54.9	24.7	6.7	0			
沈阳	0	1	37.2	71	79.1	88.1	221.1	109.3	70	17.9	8.3	18.7			
长春	0.2	0.5	32.5	22.3	62.1	152.5	199.8	150.5	63	17	14.1	2.3			
哈尔滨	0	0	21.8	31.3	71.3	57.4	94.8	46.1	80.4	18	9.3	8.6			
上海	90.9	32.3	30.1	55.5	84.5	300	105.8	113.5	109.3	56.7	81.6	26.3			
南京	110.1	18.9	32.2	90	81.4	131.7	193.3	191	42.4	38.4	27.5	18.1			
杭州	91.7	61.4	37.7	101.9	117.7	361	114.4	137.5	44.2	67.4	118.5	20.5			
合肥	89.8	12.6	37.3	59.4	72.5	203.8	162.3	177.7	5.6	50.4	28.3	10.5			
福州	70.3	46.9	68.7	148.3	266.4	247.6	325.6	104.4	40.8	118.5	35.1	12.2			
南昌	75.8	48.2	145.3	157.4	104.1	427.6	133.7	68	31	16.6	138.7	9.7			
济南	6.8	5.9	13.1	53.5	61.6	27.2	254	186.7	73.9	18.6	3.4	0.4			
郑州	17	2.5	2	90.8	59.4	24.6	309.7	58.5	64.4	13.3	12.9	3.1			
武汉	72.4	20.7	79	54.3	344.2	129.4	148.1	240.7	40.8	92.5	39.1	5.6			
长沙	96.4	53.8	159.9	101.6	110	116.4	215	143.9	146.7	55.8	243.9	9.5			
广州	98	49.9	70.9	111.7	285.2	834.6	170.3	188.4	262.6	136.4	61.9	14.1			
南宁	76.1	70	18.7	45.2	121.8	300.6	260.1	317.4	187.6	47.6	156	23.9			
海口	35.5	27.7	13.6	53.9	193.3	227.3	164.7	346.7	337.5	901.2	20.9	68.9			
重庆	16.2	42.7	43.8	75.1	69.1	254.4	55.1	108.4	54.1	154.3	59.8	29.7			
成都	6.3	16.8	33	47	69.7	124	235.8	147.2	267	58.8	22.6	0			
贵阳	15.7	13.5	68.1	62.1	156.9	89.9	275	364.2	98.9	106.1	103.3	17.2			
昆明	13.6	12.7	15.7	14.4	94.5	133.5	281.5	203.4	75.4	49.4	82.7	5.4			
拉萨	0.2	7.5	3.8	3.8	64.1	63	162.3	161.9	49.4	10.9	6.9	0			
西安	19.1	7.5	21.7	55.6	22	59.8	83.7	87.3	83.1	73.1	12.3	0			
兰州	9	2.8	4.6	22	28.1	30.4	49.9	72.1	61.5	23.5	1.4	0.1			
西宁	2.6	2.7	7.7	32.2	48.4	60.9	41.6	99.7	62.9	19.7	0.2	0			
银川	8.1	1.1	0	16.3	0.2	2.3	79.4	35.8	44.1	7.3	0	0			
乌鲁木齐	3	11.6	17.8	21.7	15.8	8.9	20.9	17.1	16.8	12.8	12.8	12.6			

图 6-11　“城市降水量统计表.xlsx”内容图

1）将单元格区域 A1:P32 转换为表格数据区域，为其套用表格格式中的“表样式中等深浅 9”，取消筛选和镶边行，将此表格数据区域的名称修改为“降水量统计”。

【操作步骤】

步骤 1：单击选中 B2 单元格，按 Ctrl+A 组合键选择数据区域 A1:P32，单击“开始”|

“样式”｜“套用表格格式”下拉按钮，选择“表样式中等深浅 9”选项，打开“套用表格式”对话框，如图 6-12 所示。在打开的对话框中选中“表包含标题”复选框，单击“确定”按钮。

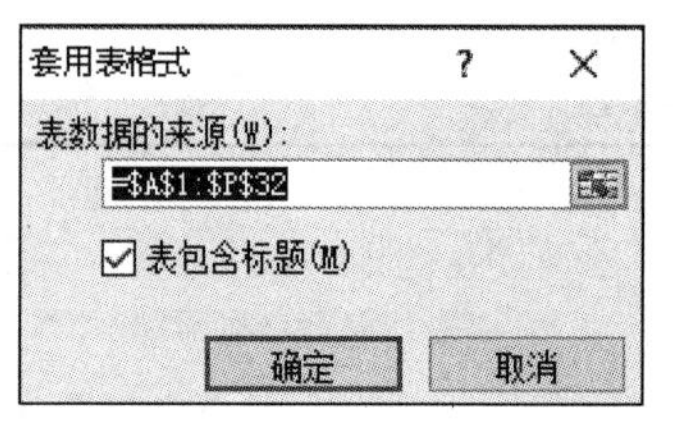

图 6-12 “套用表格式”对话框

步骤 2：单击选中表格数据区域中任意位置（如 C5 单元格），在“表格工具设计”｜“表格样式选项”组中取消勾选“镶边行”复选框，在“属性”组中将“表名称：”改为“降水量统计”。

步骤 3：单击选中表格数据区域中任意位置（如 C5 单元格），选择“数据”｜“排序和筛选”｜“筛选”选项，取消筛选。

2）将表格数据区域“降水量统计”转换为普通数据区域。

【操作步骤】

单击选中 B2 单元格，按 Ctrl+A 组合键，选择数据区域 A1:P32，选择“表格工具设计”｜“工具”｜“转换为区域”选项，在打开的“Microsoft Excel”对话框中选择“是”，此表格数据区域被转换为普通数据区域。

3. Excel 公式的使用

（1）公式元素

在一个空单元格中输入一个等号（=）时，Excel 认为此时在输入公式，输入单元格中的公式内容包含以下 5 种元素。

1）运算符：如加号（+）和乘号（*）等。

2）单元格引用：即命名的单元格和范围，如 A1，A1:B3，sheet1！B5 和定义的名称等。

3）值或字符串：如 7.5（数值）或"北京"（字符串，要用西文引号括起来）这样的内容。

4）函数及其参数：如 SUM（B2:B8）。

5）括号：控制公式中各表达式的计算顺序。

（2）名称

在 Excel 中可以为一个单元格或者一个单元格范围命名一个名称，之后即可在公式中使用它。

1）名称的作用域：名称的作用域决定了名称的使用场合。

① 工作簿层次名称：可以用于同一个工作簿中的任何工作表，为 Excel 默认的名称类型。

② 工作表层次名称：单独情况下只能用于定义的那个工作表，加上工作表的名称

作为前缀就可以在其他工作表中使用。

2）创建单元格和范围名称。

① “新建名称”对话框：选择“公式”｜“定义的名称”｜“定义名称”命令。

② 使用名称框：这是为单元格和范围创建名称的最快捷的方式。

③ 根据单元格中的文本创建名称：先选中名称文本和希望命名的单元格（或范围），选择“公式”｜“定义的名称”｜“根据所选内容创建”命令，打开“以选定区域创建名称”对话框。

④ 为整行和整列创建名称：先选中列字母选择整个列，再在名称框中输入名称，按 Enter 键（或在“新建名称”对话框中操作）。

⑤ Excel 自动创建的名称：如果设置了一个打印区域，Excel 就为这个区域自动创建一个名称 Print_Area；如果设置了重复打印的行或列，Excel 也会自动定义一个工作表层次的名称 Print_Titles。

（3）在公式中使用运算符

公式中使用的运算符如表 6-1 所示。

表 6-1 公式中使用的运算符

符号	运算符
－	负号
%	百分号
^	乘方
*、/	乘号和除号
＋、－	加号和减号
&	文本连接符
＝、＜、＞、＜＝、＞＝、＜＞	比较运算符

（4）单元格和范围引用

大多数公式会使用单元格或范围地址来引用一个或多个单元格。单元格引用有 3 种类型，用$（美元符号）加以区别。

1）相对引用。这种引用是完全相对的引用。复制公式时，单元格地址会发生相对的变化，如 A1，A1:B2。

2）绝对引用。这种引用是完全绝对的引用。复制公式时，单元格地址不会发生相对的变化，如$A$1，$A$1:$B$2。

3）混合引用。这种引用是部分相对、部分绝对（有$符号）的引用，如$A1，A$1。

（5）在公式中使用函数

1）函数是由 Excel 提供在公式中使用的一种内置计算工具。

2）函数具有如下功能：

① 简化公式。

② 允许公式执行无法用其他方式完成的计算。

③ 提高编辑任务的速度。

④ 允许有条件地运行公式，使之具备基本判断能力。

（6）函数举例

SUM（Number1，Number2，…），所有函数都需要使用括号，括号中的内容就是函数的参数。

（7）函数的参数

函数的参数有 4 种情况：①不带参数；②固定数量的参数；③数量不确定的参数；④可选参数。

1）打开素材文件“公式 1.xlsx”，如图 6-13 所示。以下操作要求均基于此文件。

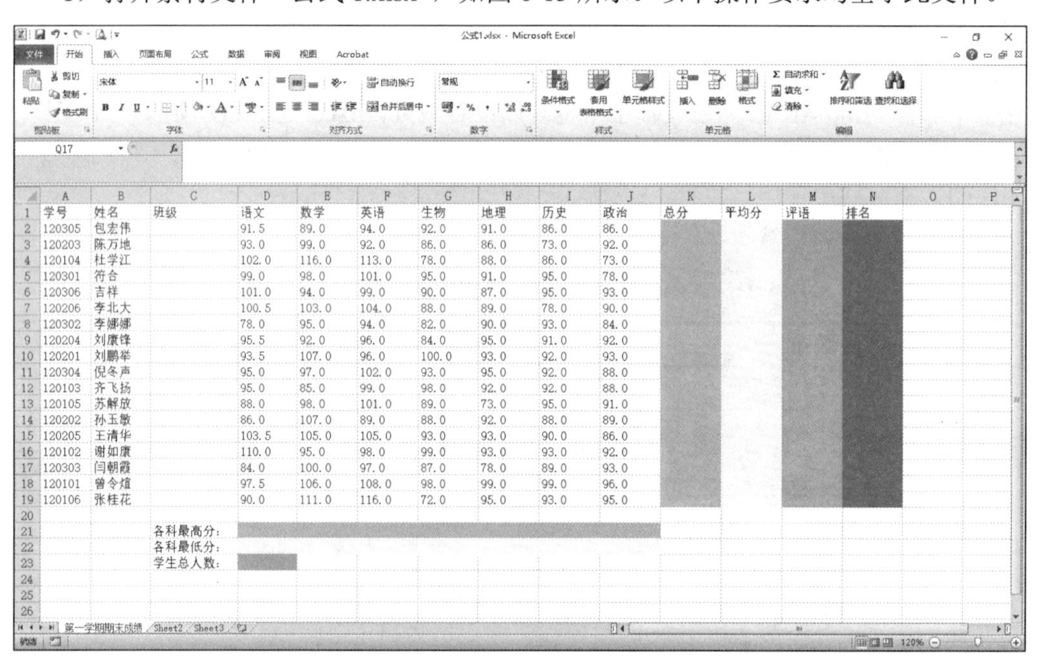

学号	姓名	班级	语文	数学	英语	生物	地理	历史	政治	总分	平均分	评语	排名
120305	包宏伟		91.5	89.0	94.0	92.0	91.0	86.0	86.0				
120203	陈万地		93.0	99.0	92.0	86.0	86.0	73.0	92.0				
120104	杜学江		102.0	116.0	113.0	78.0	88.0	86.0	73.0				
120301	符合		99.0	98.0	101.0	95.0	91.0	95.0	78.0				
120306	吉祥		101.0	94.0	99.0	90.0	87.0	95.0	93.0				
120206	李北大		100.5	103.0	104.0	88.0	89.0	78.0	90.0				
120302	李娜娜		78.0	95.0	94.0	82.0	90.0	93.0	84.0				
120204	刘康锋		95.5	92.0	96.0	84.0	95.0	91.0	92.0				
120201	刘鹏举		93.5	107.0	96.0	100.0	93.0	92.0	93.0				
120304	倪冬声		95.0	97.0	102.0	93.0	95.0	92.0	88.0				
120103	齐飞扬		95.0	85.0	99.0	98.0	92.0	92.0	88.0				
120105	苏解放		88.0	98.0	101.0	89.0	73.0	95.0	91.0				
120202	孙玉敏		86.0	107.0	89.0	88.0	92.0	88.0	89.0				
120205	王清华		103.5	105.0	105.0	93.0	93.0	90.0	86.0				
120102	谢如康		110.0	95.0	98.0	99.0	93.0	93.0	92.0				
120303	闫朝霞		84.0	100.0	97.0	87.0	78.0	89.0	93.0				
120101	曾令煊		97.5	106.0	108.0	98.0	99.0	99.0	96.0				
120106	张桂花		90.0	111.0	116.0	72.0	95.0	93.0	95.0				
		各科最高分:											
		各科最低分:											
		学生总人数:											

图 6-13 “公式 1.xlsx”内容图

① 利用 SUM 函数和 AVERAGE 函数计算每个学生的总分及平均分。

② 利用 MAX 函数和 MIN 函数计算各科成绩的最高分和最低分。

③ 利用 COUNT 函数或者 COUNA 函数计算学生的人数。

④ 利用 IF 函数计算每个学生的成绩评语，学生平均分高于（含）100 分的评语为“优秀”，平均分在 100 分和 90 分（含）之间的评语为“良好”，平均分低于 90 分的评语为“一般”。

⑤ 利用 MID 函数和“&”文本连接符计算每个学生所在的班级，“学号”列第 4 位代表学生所在的班级。例如，“120105”代表 12 级 1 班 5 号，运用公式提取每个学生的班级信息并填写在“班级”列中，格式如“1 班”“2 班”“3 班”等。

⑥ 利用 RANK.EQ 函数和“&”文本连接符计算每个学生的排名，排名依据总分或者平均分，格式如“第 1 名”“第 2 名”“第 3 名”等。

【操作步骤】

步骤 1：选中 K2 单元格，选择“公式”｜“函数库”｜“自动求和”｜“求和”选项，按 Enter 键，求出 K2 单元格的总分。

光标指向 K2 单元格右下角的自动填充柄，按住鼠标左键拖动到 K19 单元格，将 K2 单元格中的公式内容复制到 K3 至 K19 单元格中。

步骤 2：选中 L2 单元格，选择“公式”｜“函数库”｜“插入函数”命令，打开“插入函数”对话框，如图 6-14 所示。在“或选择类别”中选择“全部”，在“选择函数”中选择“AVERAGE”，单击“确定”按钮。打开“函数参数”对话框，如图 6-15 所示，在“Number1”文本框中输入“D2:J2”，单击“确定”按钮。

光标指向 L2 单元格右下角的自动填充柄，按住鼠标左键拖动到 L19 单元格，将 K2 单元格中的公式内容复制到 K3 至 K19 单元格中。

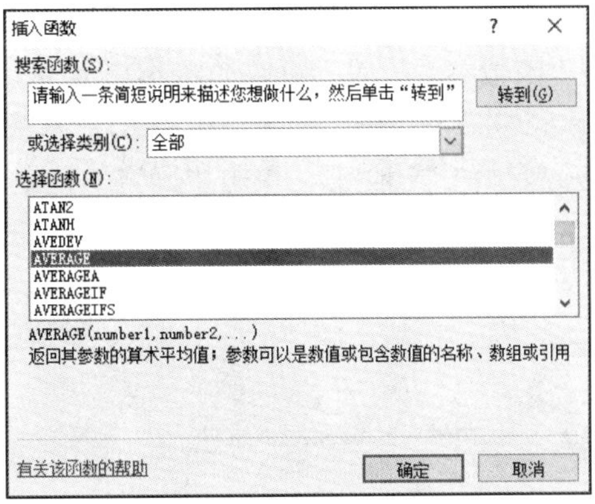

图 6-14 “插入函数”对话框

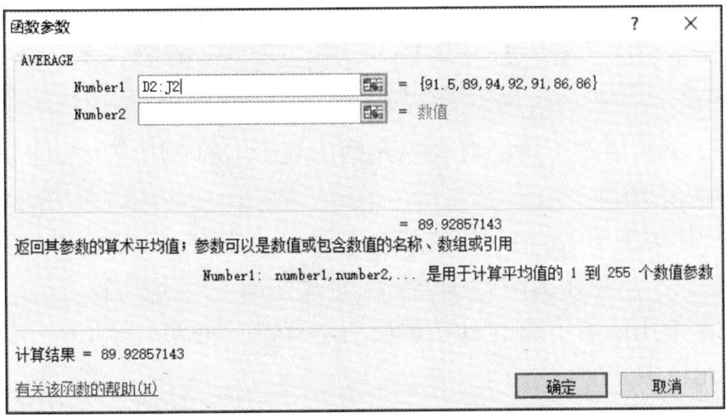

图 6-15 AVERAGE 函数参数对话框

步骤 3：选中 D21 单元格，选择“公式”｜“函数库”｜“插入函数”命令，打开“插入函数”对话框，在“或选择类别”中选择“全部”，在“选择函数”中选择“MAX”，单击“确定”按钮；打开“函数参数”对话框，在“Number1”文本框中输入“D2:D19”，单击“确定”按钮。

光标指向 D21 单元格右下角的自动填充柄，按住鼠标左键拖动到 J21 单元格，将 D21 单元格中的公式内容复制到 E21 至 J21 单元格中。

步骤 4：选中 D22 单元格，选择“公式”｜“函数库”｜“插入函数”命令，打开“插入函数”对话框，在“或选择类别”中选择“全部”，在“选择函数”中选择“MIN”，单击“确定”按钮，打开“函数参数”对话框，在“Number1”文本框中输入“D2:D19”，单击“确定”按钮。

光标指向 D22 单元格右下角的自动填充柄，按住鼠标左键拖动到 J22 单元格，将 D22 单元格中的公式内容复制到 E22 至 J22 单元格中。

步骤 5：选中 D23 单元格，选择“公式”|“函数库”|“插入函数”命令，打开“插入函数”对话框，在“或选择类别”中选择“全部”，在“选择函数”中选择“COUNT”，单击“确定”按钮，打开“函数参数”对话框，在“Value1”文本框中输入“A2:A19”，单击“确定”按钮。

步骤 6：选中 M2 单元格，选择“公式”|“函数库”|“插入函数”命令，打开“插入函数”对话框，在“或选择类别”中选择“全部”，在“选择函数”中选择“IF”，单击“确定”按钮，打开“函数参数”对话框，如图 6-16 所示。在“Logical_test”文本框中输入“L2>=100”，在“Value_if_true”文本框中输入“"优秀"”，在“Value_if_false”文本框中输入“IF(L2>=90,"良好","一般")”，单击“确定”按钮。

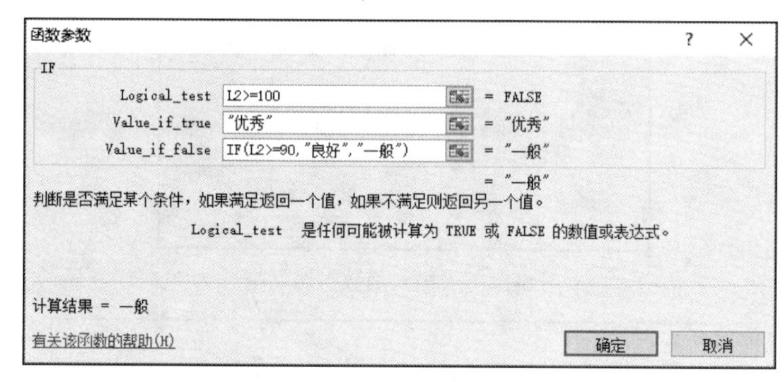

图 6-16 IF 函数参数对话框

光标指向 M2 单元格右下角的自动填充柄，双击，将 M2 单元格中的公式内容复制到 M3 至 M19 单元格中。

步骤 7：选中 C2 单元格，光标定位到表上部的编辑栏中，输入公式内容“=MID(A2,4,1)&"班"”，单击编辑栏中的✔按钮，如图 6-17 所示。

光标指向 C2 单元格右下角的自动填充柄，双击，将 C2 单元格中的公式内容复制到 C3 至 C19 单元格中。

IF　=MID(A2,4,1)&"班"

	A	B	C	D	E	F	G	H	I	J
1	学号	姓名	班级	语文	数学	英语	生物	地理	历史	政治
2	120305	包宏伟	=MID(A2,4,1)&	91.5	89.0	94.0	92.0	91.0	86.0	86.0
3	120203	陈万地		93.0	99.0	92.0	86.0	86.0	73.0	92.0
4	120104	杜学江		102.0	116.0	113.0	78.0	88.0	86.0	73.0
5	120301	符合		99.0	98.0	101.0	95.0	91.0	95.0	78.0
6	120306	吉祥		101.0	94.0	99.0	90.0	87.0	95.0	93.0
7	120206	李北大		100.5	103.0	104.0	88.0	89.0	78.0	90.0
8	120302	李娜娜		78.0	95.0	94.0	82.0	90.0	93.0	84.0
9	120204	刘康锋		95.5	92.0	96.0	84.0	95.0	91.0	92.0
10	120201	刘鹏举		93.5	107.0	96.0	100.0	93.0	92.0	93.0
11	120304	倪冬声		95.0	97.0	102.0	93.0	95.0	92.0	88.0
12	120103	齐飞扬		95.0	85.0	99.0	98.0	92.0	92.0	88.0
13	120105	苏解放		88.0	98.0	101.0	89.0	73.0	95.0	91.0
14	120202	孙玉敏		86.0	107.0	89.0	88.0	92.0	88.0	89.0
15	120205	王清华		103.5	105.0	105.0	93.0	93.0	90.0	86.0
16	120102	谢如康		110.0	95.0	98.0	99.0	93.0	93.0	92.0
17	120303	闫朝霞		84.0	100.0	97.0	87.0	78.0	89.0	93.0
18	120101	曾令煊		97.5	106.0	108.0	98.0	99.0	99.0	96.0
19	120106	张桂花		90.0	111.0	116.0	72.0	95.0	93.0	95.0

图 6-17 C2 单元格编辑栏

步骤 8：选中 N2 单元格，选择“公式”｜“函数库”｜“插入函数”命令，打开“插入函数”对话框，在“或选择类别”中选择“全部”，在“选择函数”中选择“RANK.EQ”，单击“确定”按钮，打开“函数参数”对话框，如图 6-18 所示。在“Number”文本框中输入“K2”，在“Ref”文本框中输入“$K$2:$K$19”，在“Order”文本框中输入“0”，单击“确定”按钮。

光标指向 N2 单元格右下角的自动填充柄，双击，将 N2 单元格中的公式内容复制到 N3 至 N19 单元格中。

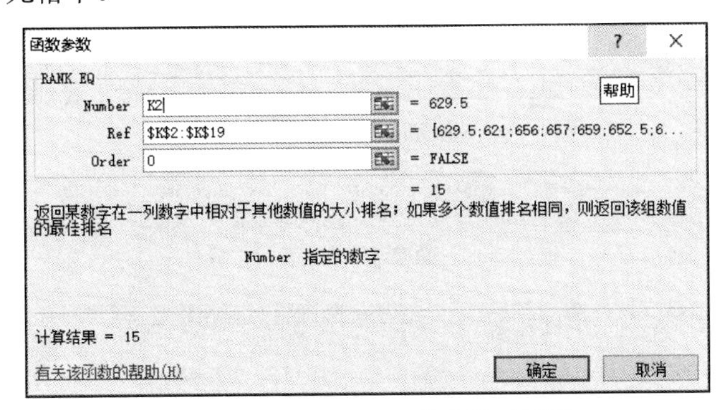

图 6-18　RANK.EQ 函数参数对话框

2）打开素材文件“公式 2.xlsx”，以下操作要求均基于此文件。

查找与引用类函数也是经常使用的，常用的函数有 VLOOKUP 函数、LOOKUP 函数、MATCH 函数和 INDEX 函数等。

① 请在“订单明细表”工作表的“单价”列中，使用 VLOOKUP 函数完成图书单价的自动填充。“单价”和“图书编号”的对应关系在“编号对照”工作表中。

② 请在“订单明细表”工作表的“图书名称”列中，使用 MATCH 函数和 INDEX 函数完成图书名称的自动填充。“图书名称”和“图书编号”的对应关系在“编号对照”工作表中。这里为什么不能用 VLOOKUP 函数完成图书名称的查找与引用？

③ 根据“订单明细表”工作表中的销售数据，统计所有订单的汇总信息，并将其填写在“统计报告”工作表的相应单元格中。

【操作步骤】

步骤 1：选中 F4 单元格，选择“公式”｜“函数库”｜“插入函数”命令，打开“插入函数”对话框，在“或选择类别”中选择“全部”，在“选择函数”中选择“VLOOKUP”，单击“确定”按钮，打开“函数参数”对话框，如图 6-19 所示。

光标定位在“Lookup_value”文本框中，选择“订单明细表”工作表中的 D4 单元格；光标定位在“Table_array”文本框中，选择“编号对照”工作表中的 B3:C20 单元格区域，选择完成后按 F4 键，给 B3:C20 单元格地址自动加上美元“$”符号进行绝对引用；光标定位在“Col_index_num”文本框中，输入数字“2”，引用查找区域第 2 列中的值；光标定位在“Range_lookup”文本框中，输入数字“0”，进行精确匹配查找。

步骤 2：选中 E4 单元格，光标定位到编辑栏中，输入公式内容“=INDEX(编号对照!$A$4:$A$20,MATCH([@图书编号],编号对照!$B$4:$B$20))”，单击编辑栏中的✔按钮，完成 E4 单元格的公式编辑，如图 6-20 所示。

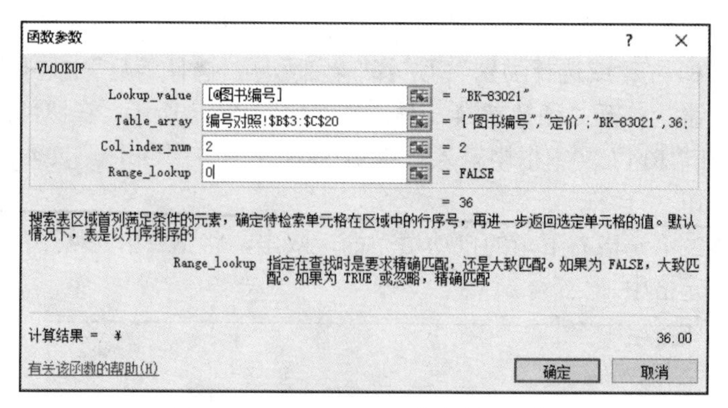

图 6-19 VLOOKUP 函数参数对话框

VLOOKUP =INDEX(编号对照!$A$4:$A$20,MATCH([@图书编号],编号对照!$B$4:$B$20))

	A	B	C	D	E	F	G	H
1					销售订单明细表			
2								
3	订单编号	日期	书店名称	图书编号	图书名称	单价	销量（本）	小计
4	BTW-08001	2011年1月2日	鼎盛书店	BK-83021	=INDEX(编号对照!$A$4:$A$20,MATCH([@	¥ 36.00	12	¥ 432.00
5	BTW-08002	2011年1月4日	博达书店	BK-83033		¥ 44.00	5	¥ 220.00
6	BTW-08003	2011年1月4日	博达书店	BK-83034		¥ 39.00	41	¥ 1,599.00

图 6-20 E4 单元格编辑

步骤 3：选中“统计报告”工作表的 B3 单元格，选择“公式”｜“函数库”｜“数学和三角函数”｜“SUM”函数，打开“函数参数”对话框。光标定位于“Number1”栏中，选择“订单明细表”工作表中的 H4:H637 单元格范围。

选中“统计报告”工作表的 B4 单元格，选择“公式”｜“函数库”｜“数学和三角函数”｜“SUMIFS”函数，打开“函数参数”对话框，如图 6-21 所示。

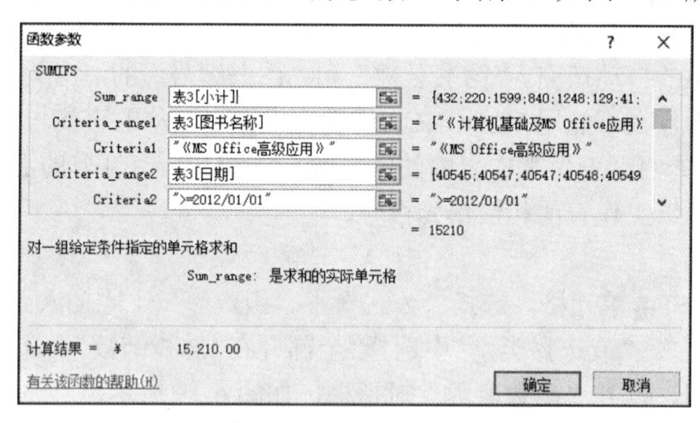

图 6-21 SUMIFS 函数参数对话框（一）

① 将光标定位于“Sum_range”文本框中，选择“订单明细表”工作表中的 H4:H637 单元格范围。设置求和的单元格区域范围。

② 将光标定位于“Criteria_range1”文本框中，选择“订单明细表”工作表中的 E4:E637 单元格范围。设置作为求和条件 1 的单元格区域范围。

③ 将光标定位于“Criteria1”文本框中，输入内容“"《MS Office 高级应用》"”。设置在条件 1 单元格区域范围中符合的条件值。

④ 将光标定位于“Criteria_range2”文本框中，选择“订单明细表”工作表中的B4:B637单元格范围。设置作为求和条件2的单元格区域范围。

⑤ 将光标定位于“Criteria2”文本框中，输入“">=2012/01/01"”。设置在条件2单元格区域范围中符合的条件值。

⑥ 将光标定位于“Criteria_range3”文本框中，选择“订单明细表”工作表中的B4:B637单元格范围。设置作为求和条件3的单元格区域范围。

⑦ 将光标定位于“Criteria3”文本框中，输入内容“<2013/01/01”。设置在条件3单元格区域范围中符合的条件值。

⑧ 单击“确定”按钮。

选中“统计报告”工作表的B5单元格，选择“公式”|“函数库”|“数学和三角函数”|“SUMIFS”函数，打开“函数参数”对话框，如图6-22所示。

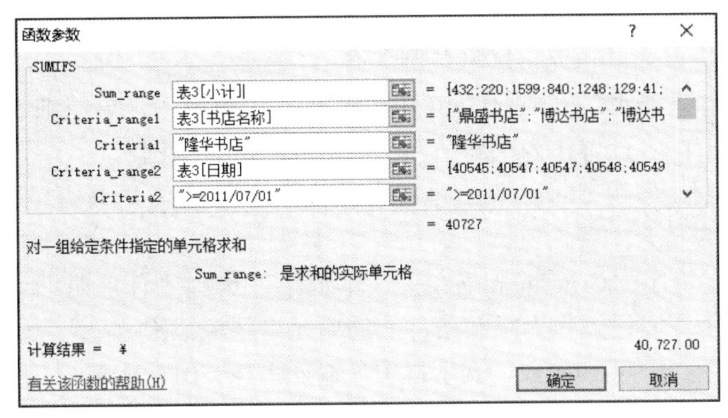

图6-22　SUMIFS函数参数对话框（二）

① 将光标定位于“Sum_range”文本框中，选择“订单明细表”工作表中的H4:H637单元格范围。设置求和的单元格区域范围。

② 将光标定位于“Criteria_range1”文本框中，选择“订单明细表”工作表中的C4:C637单元格范围。设置作为求和条件1的单元格区域范围。

③ 将光标定位于“Criteria1”文本框中，输入内容“"隆华书店"”。设置在条件1单元格区域范围中符合的条件值。

④ 将光标定位于“Criteria_range2”文本框中，选择“订单明细表”工作表中的B4:B637单元格范围。设置作为求和条件2的单元格区域范围。

⑤ 将光标定位于“Criteria2”文本框中，输入“">=2011/07/01"”。设置在条件2单元格区域范围中符合的条件值。

⑥ 将光标定位于“Criteria_range3”文本框中，选择“订单明细表”工作表中的B4:B637单元格范围。设置作为求和条件3的单元格区域范围。

⑦ 将光标定位于“Criteria3”文本框中，输入内容“"<2011/10/01"”。设置在条件3单元格区域范围中符合的条件值。

⑧ 单击“确定”按钮。

选中“统计报告”工作表的B6单元格，选择“公式”|“函数库”|“数学和三角函数”|“SUMIFS”函数，打开“函数参数”对话框，如图6-23所示。

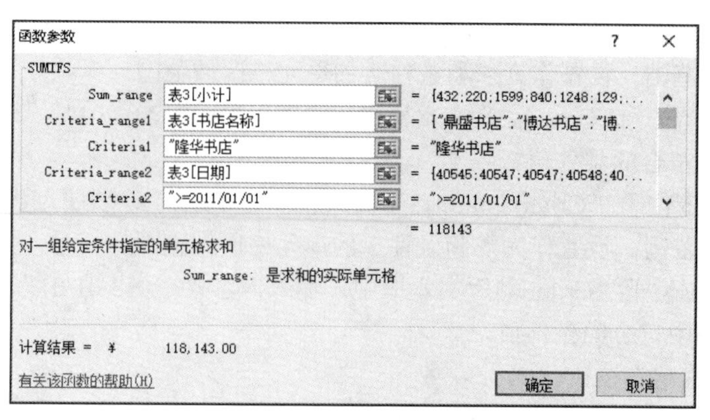

图 6-23　SUMIFS 函数参数对话框（三）

① 将光标定位于“Sum_range”文本框中，选择“订单明细表”工作表中的 H3:H636 单元格范围。设置求和的单元格区域范围。

② 将光标定位于“Criteria_range1”文本框中，选择“订单明细表”工作表中的 C3:C636 单元格范围。设置作为求和条件 1 的单元格区域范围。

③ 将光标定位于“Criteria1”文本框中，输入内容“"隆华书店"”。设置在条件 1 单元格区域范围中符合的条件值。

④ 将光标定位于“Criteria_range2”文本框中，选择“订单明细表”工作表中的 B3:B636 单元格范围。设置作为求和条件 2 的单元格区域范围。

⑤ 将光标定位于“Criteria2”文本框中，输入“">=2011/01/01"”。设置在条件 2 单元格区域范围中符合的条件值。

⑥ 将光标定位于“Criteria_range3”文本框中，选择“订单明细表”工作表中的 B3:B636 单元格范围。设置作为求和条件 3 的单元格区域范围。

⑦ 将光标定位于“Criteria3”文本框中，输入内容“"<2012/01/01"”。设置在条件 3 单元格区域范围中符合的条件值。

⑧ 单击“确定”按钮。

此时 B6 单元格求出的是隆华书店 2011 年的总销售额，而题目要求的是隆华书店 2011 年的每月平均销售额，所以将光标定位到 B6 单元格，在 B6 编辑栏中公式内容的最后补充输入内容“/12”，单击编辑栏中的✔按钮，完成 B6 单元格的公式编辑。

4. Excel 数据透视表与数据透视图

数据透视表是一种交互式的表，可以进行某些计算，如求和与计数等。所进行的计算与数据透视表中的排列有关。

数据透视表，可以动态地改变它们的版面布置，以便按照不同的方式分析数据，也可以重新安排行标签、列标签和报表筛选（页）字段。每次改变版面布置时，数据透视表会立即按照新的布置重新计算数据。另外，如果原始数据发生更改，则数据透视表可以更新。

1）报表筛选区域：将数据分析结果自动分页显示。

选择“数据透视表工具选项”｜“数据透视表”｜“选项”｜“显示报表筛选页”

命令，打开对话框，单击“确定”按钮。

2）行标签区域：行标签的值可以进行以下几种分组显示。

① 文本分组。

② 日期分组。

③ 数值分组。

3）列标签区域：使用方法与行标签区域一样，显示效果有区别。

4）数值区域：主要考核值字段设置。

① 值汇总方式：包括求和、计数和平均值等。

② 值显示方式：包括列汇总的百分比、行汇总的百分比等。

③ 自定义名称。

打开素材文件“产品销售表.xlsx”，如图 6-24 所示。以下操作要求均基于此文件。

大地公司某品牌计算机设备全年销量统计表

序号	店铺	季度	商品名称	销售量	销售额
001	西直门店	1季度	笔记本	200	¥910,462.24
002	西直门店	2季度	笔记本	150	¥682,846.68
003	西直门店	3季度	笔记本	250	¥1,138,077.80
004	西直门店	4季度	笔记本	300	¥1,365,693.36
005	中关村店	1季度	笔记本	230	¥1,047,031.58
006	中关村店	2季度	笔记本	180	¥819,416.02
007	中关村店	3季度	笔记本	290	¥1,320,170.25
008	中关村店	4季度	笔记本	350	¥1,593,308.92
009	上地店	1季度	笔记本	180	¥819,416.02
010	上地店	2季度	笔记本	140	¥637,323.57
011	上地店	3季度	笔记本	220	¥1,001,508.46
012	上地店	4季度	笔记本	280	¥1,274,647.14
013	亚运村店	1季度	笔记本	210	¥955,985.35
014	亚运村店	2季度	笔记本	170	¥773,892.90
015	亚运村店	3季度	笔记本	260	¥1,183,600.91
016	亚运村店	4季度	笔记本	320	¥1,456,739.58
017	西直门店	1季度	台式机	260	¥1,003,918.58
018	西直门店	2季度	台式机	243	¥938,277.75
019	西直门店	3季度	台式机	362	¥1,397,763.56

图 6-24 “产品销售表.xlsx”内容图

① 为“产品销售表”工作表中的销售数据创建一个数据透视表，位置放在 H3 单元格，数据透视表反映“产品销售表”工作表中各类商品各门店每个季度的销售额。其中，“商品名称”为报表筛选字段，“店铺”为行标签，“季度”为列标签，并对“销售额”求和。最后对数据透视表进行格式设置，使其更加美观。

② 根据生成的数据透视表，在透视表下方创建一个簇状柱形图，图表中仅对各门店 4 个季度笔记本的销售额进行比较。

【操作步骤】

步骤 1：选中“产品销售表”工作表中的 A3:F83 单元格，选择“插入”|“表格”|“数据透视表”选项，打开“创建数据透视表”对话框，如图 6-25 所示。选中“选择放置数据透视表的位置”中的“现有工作表”复选按钮，在“位置”文本框中输入“H3”，

单击“确定”按钮，打开“数据透视表字段列表”对话框，如图 6-26 所示。

在“数据透视表字段列表”对话框中选中“商品名称”“店铺”“季度”“销售额”，并将其拖动到对应的“报表筛选”“行标签”“列标签”“数值”列表框中。

步骤 2：将光标定位在数据透视表的任意位置，选择“插入”｜“图表”｜“柱形图”｜“簇状柱型图”选项，生成数据透视图，如图 6-27 所示。将柱形图移动至数据透视表的下方，在“商品名称”中选择“笔记本”，单击“确定”按钮。

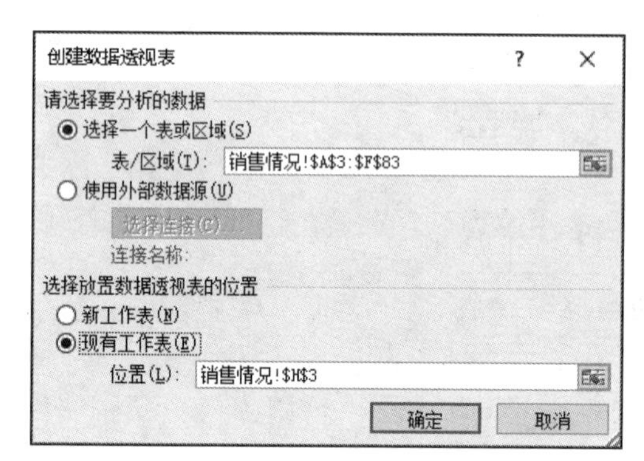

图 6-25 “创建数据透视表”对话框

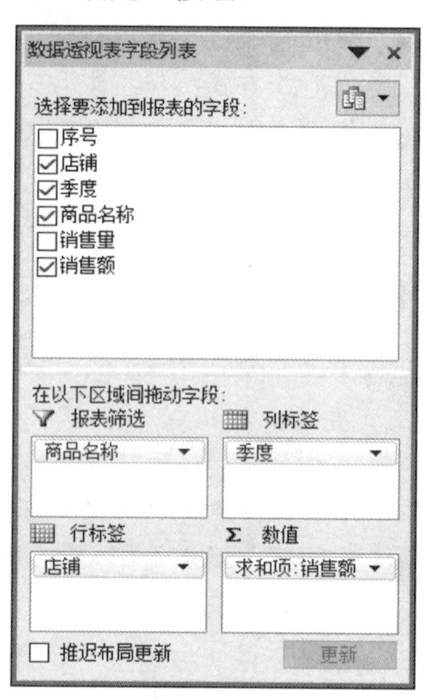

图 6-26 “数据透视表字段列表”对话框

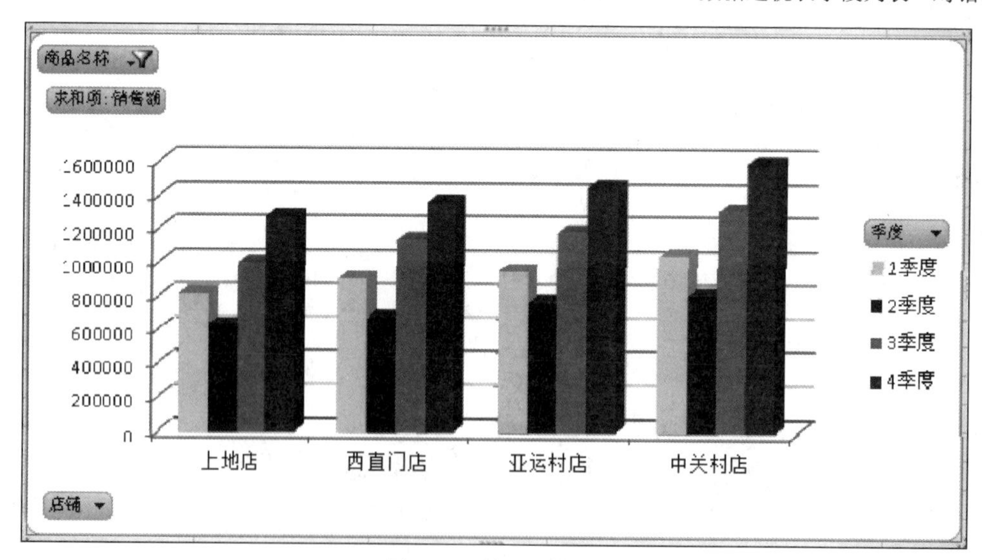

图 6-27 数据透视图

实验7　PowerPoint 2010 演示文稿实验

实验目的

1）熟练掌握 PowerPoint 2010 演示文稿中幻灯片的基本操作方法。

2）熟练掌握 PowerPoint 2010 幻灯片的切换和动画效果设置方法。

3）掌握 PowerPoint 2010 的放映方法。

4）掌握 PowerPoint 2010 中的母版使用。

实验内容

中国注册税务师协会宣传处王干事正在准备一份介绍本协会的演示文稿，按照下列要求帮助王干事组织材料完成演示文稿的整合制作，完成后的演示文稿共包含 15 张幻灯片，且没有空白幻灯片。

1）在素材文件夹下，打开空白演示文稿“PPT.pptx”，根据 Word 文档“PPT 素材.docx”中提供的大纲内容创建 10 张幻灯片，其对应关系如表 7-1 所示。要求新建幻灯片中不包含原素材中的任何格式，之后所有的操作均基于“PPT.pptx”文件。

表 7-1　幻灯片文本颜色与内容对应关系

Word 大纲中的文本颜色	对应的 PPT 内容
红色	标题
蓝色	第一级文本
黑色	第二级文本

【操作步骤】

步骤 1：打开素材文件夹下的文件“PPT.pptx”。选择“开始”｜“幻灯片”｜“新建幻灯片”选项，创建 10 张新幻灯片。

步骤 2：打开素材文件夹下的文件“PPT 素材.docx”。选中第 1 页中的红色文字“中国注册税务师协会”，按 Ctrl+C 组合键复制，在“PPT.pptx”中，将光标定位到第 1 张幻灯片标题文本框内，右击，在快捷菜单中选择“粘贴选项”下的“只保留文本”。

选中素材文件第 1 页中的蓝色文字，按 Ctrl+C 组合键复制，将光标定位到第 1 张幻灯片副标题文本框内，右击，在快捷菜单中选择“粘贴选项”下的“只保留文本”。

步骤 3：按照同样的方法，根据题目要求，将素材文件中的内容复制粘贴到幻灯片中的对应位置，删除多余空格。

步骤 4：选中第 3 张幻灯片，将光标定位到文字“协会基本情况”，选择“开始”｜“段落”｜“提高列表级别”选项，如图 7-1 所示。按照同样的方法将其他黑色文字设置为第二级文本。

2）为演示文稿应用考生文件夹下的设计主题“五彩缤纷.thmx”（.thmx 为文件扩展名）。将该设计主题下的 3 个版式“两栏内容”“比较”“内容”删除。令每张幻灯片的右上角同一位置均显示图片“logo.png”，将其置于底层且不遮挡其他对象内容。

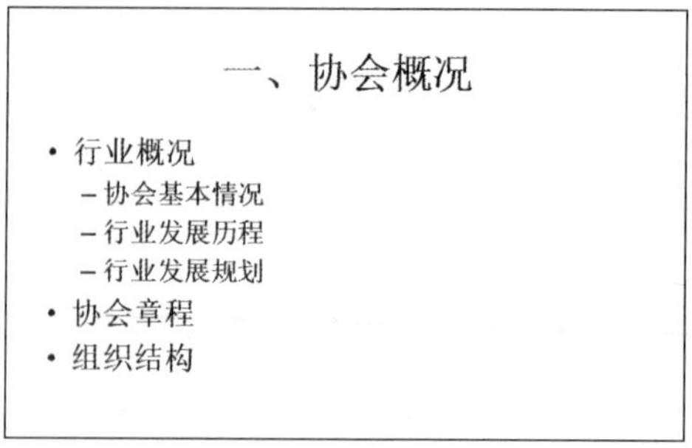

一、协会概况

- 行业概况
  - 协会基本情况
  - 行业发展历程
  - 行业发展规划
- 协会章程
- 组织结构

图 7-1 “第 3 张幻灯片”效果图

【操作步骤】

步骤 1：选择“设计”｜“主题”｜“其他”｜“浏览主题”选项，在打开的对话框中选择素材文件夹下的“五彩缤纷.thmx”，单击“应用”按钮。

步骤 2：选择“视图”｜“母版视图”｜“幻灯片母版”选项，在左侧列表框中选中母版中的“两栏内容”版式，右击，在弹出的快捷菜单中选择“删除版式”选项。按照同样的方法删除母版中的“比较”版式和“内容”版式。

步骤 3：选中第 1 张母版幻灯片，选择“插入”｜“图像”｜“图片”选项，在打开的对话框中选择素材文件夹下的“logo.png”，单击“插入”按钮。适当调整图片大小，将图片移动到该母版幻灯片右上角。

步骤 4：选中图片，单击“图片工具格式”｜“排列”｜“下移一层”下拉按钮，选择“置于底层”选项。单击“幻灯片母版”｜“关闭”｜“关闭母版视图”按钮。

3）为第 1 张幻灯片中的标题和副标题分别指定动画效果，其顺序为：单击时标题在 5 秒内自左侧“擦除”进入，同时副标题以相同的速度自右侧“擦除”进入；4 秒钟后标题与副标题同时自动在 3 秒内以“加粗闪烁”方式进行强调。

【操作步骤】

步骤 1：选中第 1 张幻灯片中的标题文本框，选择“动画”｜“动画”｜“其他”｜“进入”｜“擦除”选项，单击“效果选项”下拉按钮，选择“自左侧”选项。

选中副标题文本框，选择“动画”｜“其他”｜“进入”｜“擦除”选项，单击“效果选项”下拉按钮，选择“自右侧”选项。

步骤 2：选中标题文本框，单击“高级动画”｜“添加动画”下拉按钮，选择“强调”下的“加粗闪烁”选项。

选中副标题，单击“高级动画”｜“添加动画”下拉按钮，选择“强调”下的“加粗闪烁”选项。

步骤 3：选择“动画”｜“高级动画”｜“动画窗格”选项，打开“动画窗格”对话框，如图 7-2 所示。

选中动画窗格中的第 1 个动画图标，“计时”组中设置“持续时间”为“05.00”。

选中第 2 个动画图标，在“计时”组中，单击“开始”下拉按钮，选择“与上一动画同时”，设置“持续时间”为“05.00”。

选中第 3 个动画图标，在“计时”组中，单击“开始”下拉按钮，选择“上一动画之后”，设置“持续时间”为“03.00”，“延迟时间”为“04.00”。

选中第 4 个动画图标，在“计时”组中，单击“开始”下拉按钮，选择“与上一动画同时”，设置“持续时间”为“03.00”。关闭动画窗格。

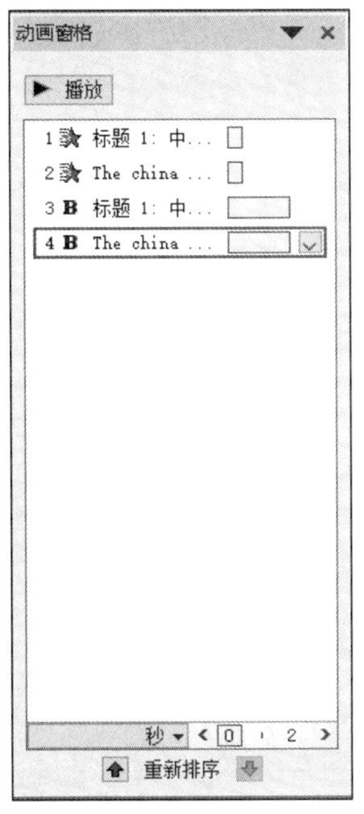

图 7-2　“动画窗格”对话框

4）在第 2 张幻灯片中，将内容文本框设置为水平垂直均居中排列，并为每项内容添加超链接，令其分别链接到相应的幻灯片。为第 3 张幻灯片应用版式“节标题”。

【操作步骤】

步骤 1：选中第 2 张幻灯片，选中标题文本框下的内容文本框，右击，选择“大小和位置”命令，打开“设置形状格式”对话框，如图 7-3 所示。单击“文本框”｜“垂直对齐方式”下拉按钮，选择“中部居中”，单击“关闭”按钮。单击“开始”｜“段落”｜“居中”按钮。

图 7-3　“设置形状格式”对话框

步骤 2：选中文字“一、协会概况”，选择“插入”｜“链接”｜“超链接”选项，打开“插入超链接”对话框，如图 7-4 所示。在对话框中选择“本文档中的位置”选项，选择“3.一、协会概况”幻灯片。单击“确定”按钮。

按照同样的方法，根据题目要求，为其他内容设置超链接，令其分别链接到相应的幻灯片。

步骤 3：选中第 3 张幻灯片，单击“开始”｜“幻灯片”｜“版式”下拉按钮，选择“节标题”。

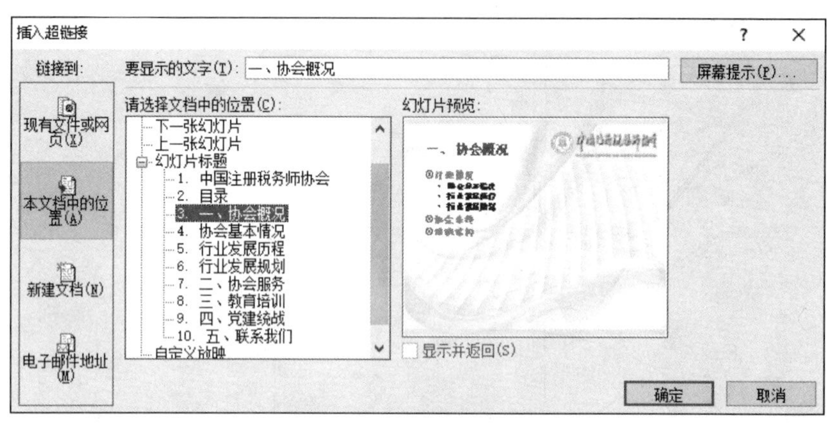

图 7-4 “插入超链接”对话框

5）在第 6、7 张幻灯片之间插入两张幻灯片。为新插入的第 7 张幻灯片应用版式“空白”，在其中插入对象文档“中国注册税务师协会章程.docx”，令其仅显示第 1 项内容，并与原文档保持修改同步。当放映幻灯片时，单击对象即可打开原文档。为新插入的第 8 张幻灯片应用版式“标题和内容”，标题为“组织结构”，在下方的内容框中插入一个 SmartArt 图，文字素材及完成效果可参见文档“组织机构素材及参考效果.docx”，要求结构与样例图完全一致，并需要更改其默认的颜色及样式。

【操作步骤】

步骤 1：选中第 6 张幻灯片，选择“开始”｜“幻灯片”｜“新建幻灯片”选项，创建两张新幻灯片。选中第 7 张幻灯片，单击“开始”｜“幻灯片”｜“版式”下拉按钮，选择“空白”版式。

选择“插入”｜“文本”｜“对象”选项，打开“插入对象”对话框，如图 7-5 所示。在打开的对话框中，选中“由文件创建”单选按钮，单击“浏览”按钮，在打开的对话框中选择素材文件夹下的“中国注册税务师协会章程.docx”，单击“确定”按钮。选中“链接”复选框，单击“确定”按钮。

选中插入的对象，选择“插入”｜“链接”｜“动作”选项，打开“动作设置”对话框，如图 7-6 所示。在“单击鼠标”选项卡下，选中“超链接到”单选按钮，单击“超链接到”下拉按钮，选择“其他文件”，打开“超链接到其他文件”对话框，选择素材文件夹下的“中国注册税务师协会章程.docx”，单击“确定”按钮，再次单击“确定”按钮。

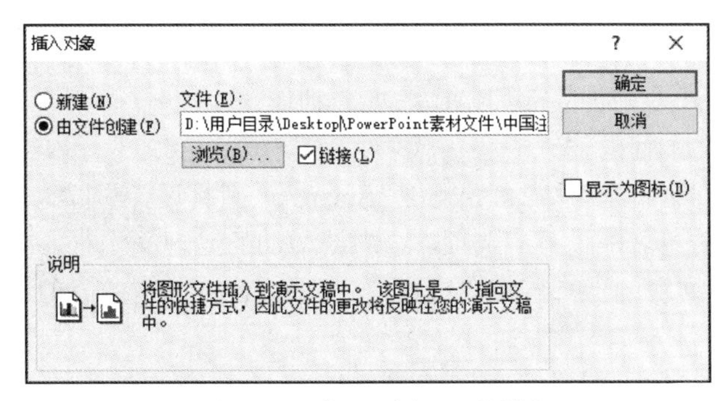

图 7-5　“插入对象”对话框

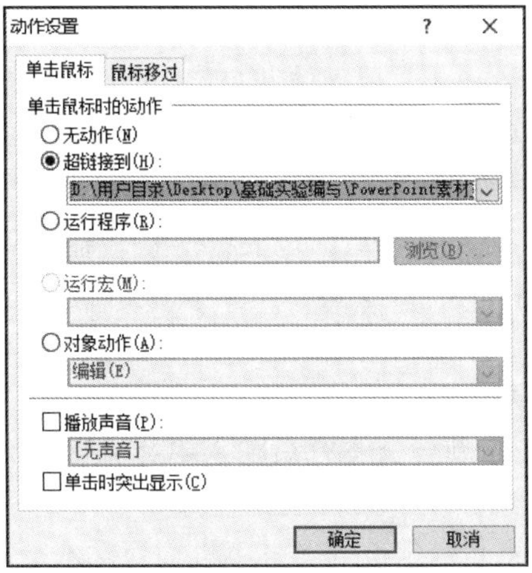

图 7-6　“动作设置”对话框

步骤 2：选中第 8 张幻灯片，单击“开始”｜“幻灯片”｜“版式”下拉按钮，选择“标题和内容”版式。在标题中输入文字“组织结构”。

选中幻灯片下方的内容文本框，选择“插入”｜“插图”｜“SmartArt”选项，打开“选择 SmartArt 图形”对话框，如图 7-7 所示。选择“层次结构”组中的“组织结构图”，单击“确定”按钮。

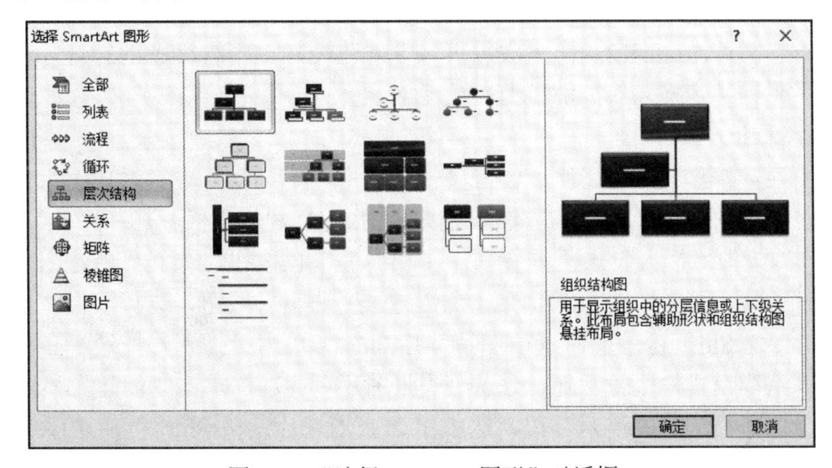

图 7-7　“选择 SmartArt 图形”对话框

单击 SmartArt 左侧扩展按钮，打开文本窗格。参见素材文件夹下的文档“组织机构素材及参考效果.docx”，完成 SmartArt 图形的制作。

① 在第 1 个文本行内输入“会员代表大会”，第 2 个文本行内输入“理事会”。

② 鼠标定位到第 1 个文本行，单击“SmartArt 工具设计”|“创建图形”|“添加形状”下拉按钮，选择“添加助理”选项。选中新增加的助理文本行，右击，选择“上移”，多次上移后使得新增加的助理行在“理事会”文本行下方。在新增加的助理行中输入文字“常务理事会”。

③ 在第 4 个文本行输入“会长”；在第 5 个文本行输入“秘书长”，右击，选择“降级”。鼠标定位到第 4 个文本行，单击“SmartArt 工具设计”|“创建图形”|“布局”下拉按钮，选择“标准”。

④ 在第 6 个文本行中输入“秘书处”，右击，选择“降级”选项，再次右击，选择“降级”选项。鼠标定位到第 5 个文本行，单击“SmartArt 工具设计”|“创建图形”|“布局”下拉按钮，选择“标准”选项。

⑤ 鼠标定位到“秘书处”文字后，按 Enter 键，输入“办事机构”，再次按 Enter 键后输入“咨询机构”。将新增加的两个文本行降级，鼠标定位到第 6 个文本行，单击“布局”下拉按钮，选择“标准”选项；鼠标定位到“办事机构”文字后，按 Enter 键，在新增的文本行中输入“办公室”。

⑥ 按照同样的方法依次新建文本行后输入“会员管理部”“业务准则部”“教育培训部”“信息工作部”“宣传编辑部”“党委工作部”。从“办公室”文本行到“党委工作部”文本行都进行降级。将光标定位到“办事机构”文本行，单击“布局”下拉按钮，选择“两者”。

⑦ 按照同样的方法设置“咨询机构”下级文本。

⑧ 关闭文本窗格。

选中 SmartArt 图形，单击“SmartArt 工具设计”|“更改颜色”下拉按钮，选择“彩色范围-强调文字颜色 4 至 5”选项。单击“SmartArt 样式”|“其他”下拉按钮，选择“三维”下的“优雅”选项。

6）分别为第 9 张和第 11 张幻灯片应用版式“仅标题”。之后利用相册功能，将素材文件夹下的图片 1.png-12.png 生成每页包含 4 张图片、不含标题的幻灯片，将其中包含图片的 3 张幻灯片插入第 9 张幻灯片之后。

【操作步骤】

步骤 1：选中第 9 张幻灯片，单击“开始”|“幻灯片”|“版式”下拉按钮，选择“仅标题”选项。按照同样的方法设置第 11 张幻灯片为“仅标题”版式。

步骤 2：单击“插入”|“图像”|“相册”下拉按钮，选择“新建相册”选项，打开“相册”对话框，如图 7-8 所示。单击“文件/磁盘”按钮，选择素材文件夹下的图片“1.png”，按 Shift 键的同时选中图片“12.png”，单击“插入”按钮。在相册对话框中，单击“图片版式”下拉按钮，选择“4 张图片”选项，单击“创建”按钮。

此时会打开一个新的演示文稿，选中第 2 张幻灯片，按 Shift 键后选中第 4 张幻灯片，按 Ctrl+C 组合键复制。切换到 PPT.pptx 文件，选中第 9 张幻灯片，按 Ctrl+V 组合键粘贴。

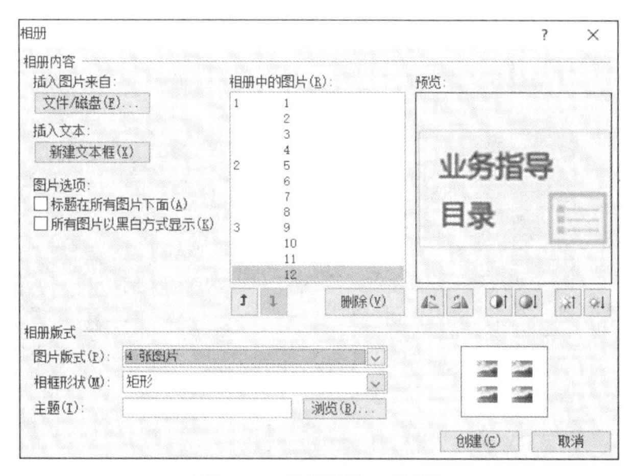

图 7-8　“相册”对话框

7）将第 3～8 张、9～12 张幻灯片分别组织为一节，节名依次为“概况”“服务”，为演示文稿中所有的节应用不同的切换方式。

【操作步骤】

步骤 1：将光标定位到第 2 张幻灯片和第 3 张幻灯片之间，右击，在弹出的快捷菜单上选择“新增节”命令。右击“无标题节”，选择“重命名节”选项，在打开的对话框中输入节名称“概况”，单击“重命名”按钮。

按照同样的方法设置其他节标题。

步骤 2：选中第 1 个节标题“默认节”，单击“切换”｜“切换到此幻灯片”｜“其他”下拉按钮，选择“华丽型”中的“门”切换效果。

按照同样的方法为其他节设置不同的切换效果。

实验 8　多媒体实验

多媒体实验是综合性实验，要求学生掌握音频处理、动画制作和视频处理等操作。

实验 8.1　音频处理

实验目的

1）掌握 Adobe Audition 软件的基本用法。

2）使用 Adobe Audition 软件实现录音、音乐拼接、干音合成等操作。

实验内容

1. 认识 Adobe Audition 软件

Audition 软件的前身是 Cool Edit Pro，后被 Adobe 公司收购，是一款功能强大、效果出色的多轨录音和音频处理软件，也是一款非常出色的数字音乐编辑器和 MP3 制作软件。Adobe Audition 3.0 的编辑界面如图 8-1 所示。

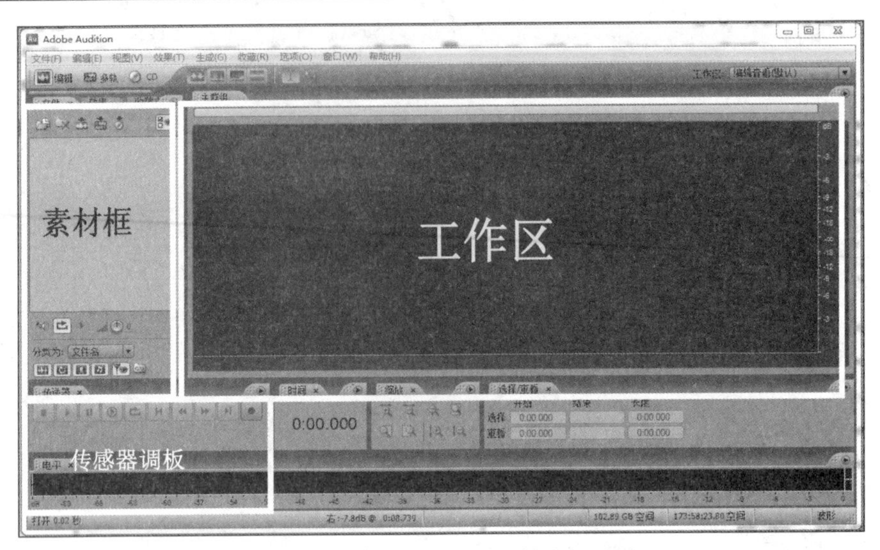

图 8-1 Adobe Audition 3.0 的编辑界面

2. Adobe Audition 软件的基本用法

（1）录音

【操作步骤】

步骤 1：双击 Adobe Audition 图标，打开程序，进入 Audition 的编辑界面，在传感器调板上单击“录音”■按钮进行录音。

步骤 2：打开“新建波形”对话框中，将采样频率设置为 44100，单击“确定”按钮进入录音界面，如图 8-2 所示。

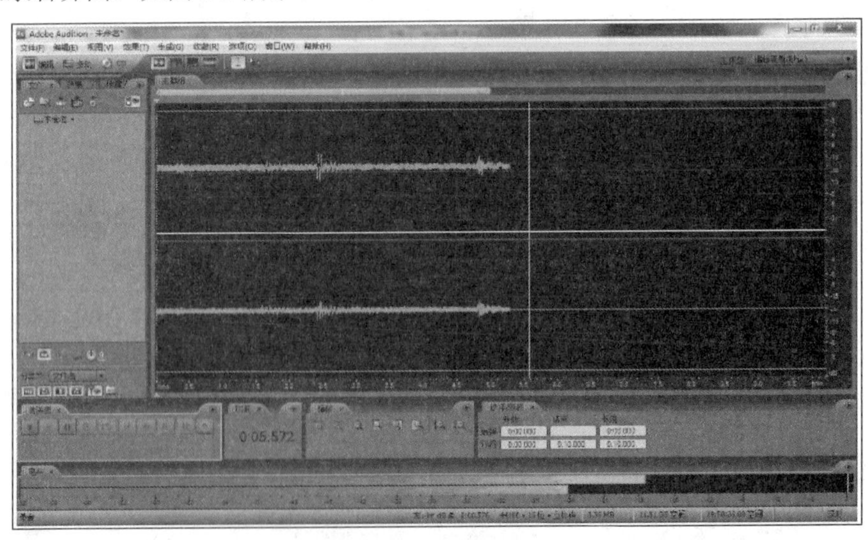

图 8-2 录音界面

步骤 3：单击“录音”按钮结束录音后，可以用传感器调板进行音频的重放，查看录制的效果，然后选择“文件”｜“另存为”命令对文件进行保存。

注意：在开始录音之后，应该先录制 10 秒左右的环境噪音，然后再开始录制自己的声音，这样可以方便后期进行降噪处理。

（2）音频编辑

【操作步骤】

步骤1：打开Audition软件，将要编辑的音频添加到文件窗口。添加的方法如下。

方法1：选择“文件”|“打开”命令，添加音频文件。

方法2：单击窗口左边的“文件”|“导入文件”命令，也可添加音频文件。

注意：在素材文件夹下可以找到本实验所有音频文件，首先导入“我只在乎你-清唱”音频文件。

步骤2：单击传感器调板中的播放按钮，可试听音频。

步骤3：在第20.64秒至21.337秒处有个试音声音需要剪掉，方法如下。

方法1：在工作区（框线1所在位置）单击鼠标左键，从20.64秒至21.337秒处拖动选择。

方法2：在时间控制区（框线2所在位置）直接输入开始、结束时间。

然后在选择好的区域中按Delete键，即可完成。

（3）音乐拼接

【操作步骤】

步骤1：导入第二段音频文件“欢呼声”。在工作区窗口中右击波形，在弹出的快捷菜单中选择“选择整个波形”命令，选取全部波形，然后右击波形选择“复制为新的”命令，会生成一个新的音频文件，默认名“欢呼声（2）”。

步骤2：双击“我只在乎你-清唱”音频文件，按Ctrl+A组合键选取全部波形，也可右击，在弹出的快捷菜单中选择“选择整个波形”命令，选取全部波形，然后右击波形选择“复制”命令，如图8-3所示。

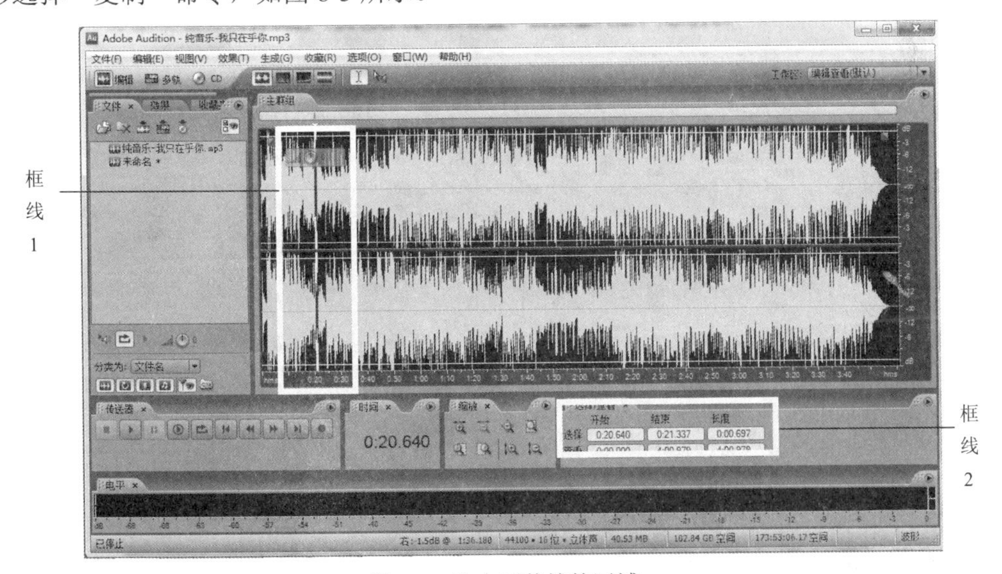

图8-3　选中要剪掉的区域

步骤3：双击“欢呼声（2）”音频文件，在当前波形末尾处右击选择“粘贴”命令，完成拼接，如图8-4所示。

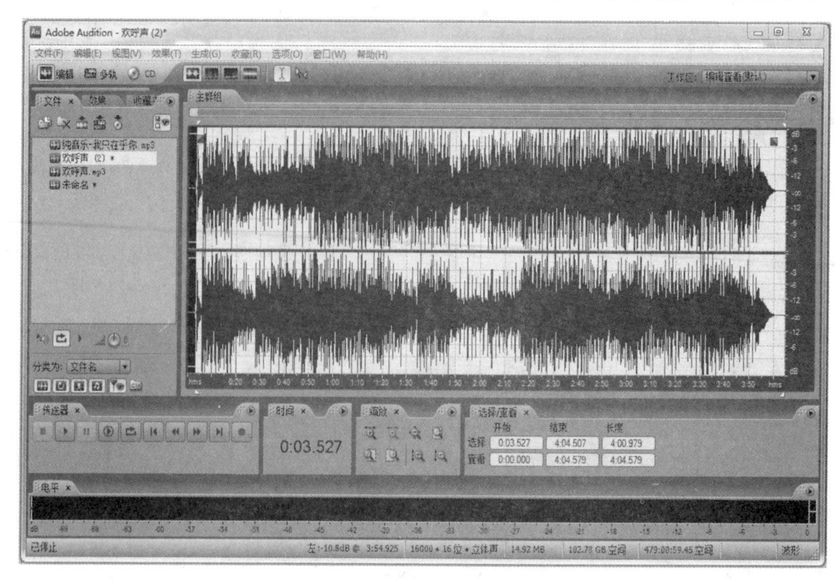

图 8-4　完成拼接的效果

（4）干音与伴奏的合成

【操作步骤】

步骤 1：导入第三段音频文件“纯音乐-我只在乎你.mp3”，选取全部波形。再右击波形，在弹出的快捷菜单中选择“复制”命令，然后单击素材框中的“插入进多轨会话”按钮，将“纯音乐-我只在乎你.mp3”添加到音轨 1 中。

步骤 2：双击“欢呼声（2）”音频文件，选取全部波形，再右击波形，在弹出的快捷菜单中选择“复制”命令，然后单击素材框中的“插入进多轨会话”按钮，将“欢呼声（2）”添加到音轨 2 中。

步骤 3：右击音轨 2 中的音频块左右移动，调整位置与伴奏同步，调节到 27.308 秒为开始。也可在时间控制区直接输入选择的开始为 27.308 秒，如图 8-5 所示。

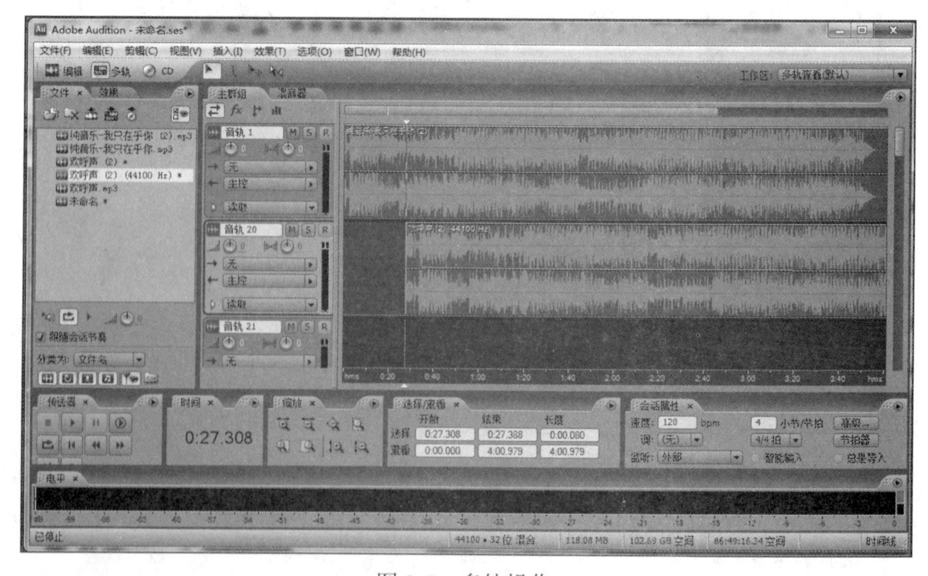

图 8-5　多轨操作

步骤 4：在多轨窗口中，选择“编辑”｜“合并到新音轨”｜“所选范围的音频编辑（立体声）（A）”命令进行混合，再单击“素材框”中混合完成的音频文件，可以试听合并的效果，如图 8-6 所示。

步骤 5：选择“文件”｜“另存为”命令，选择保存的音频位置和音频格式，输入文件名，单击“保存”按钮。

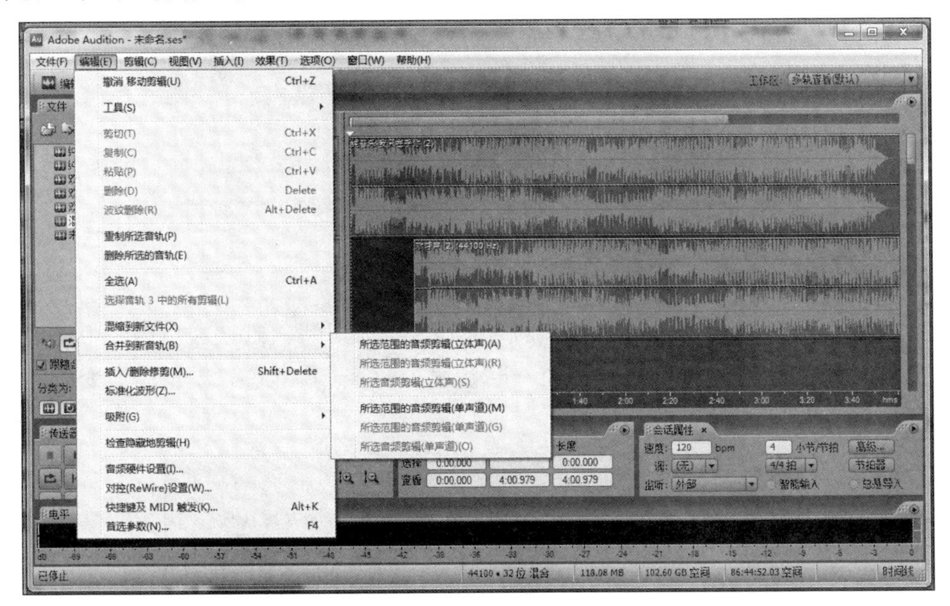

图 8-6　合并到新音轨

实验 8.2　动画制作

实验目的

1）掌握 Ulead Gif Animator 软件的使用。

2）使用 Ulead Gif Animator 软件实现基础的动画制作。

实验内容

1. 认识 Ulead Gif Animator 软件

Ulead Gif Animator 是友立公司出品的一款动画制作软件，用这款软件可以很方便地制作出形式多样的 GIF 动画片来。

（1）安装 Ulead Gif Animator

下载 Ulead Gif Animator 汉化版软件并将其安装，安装后会在桌面显示一个绿色地球的快捷图标。

（2）启动 Ulead Gif Animator

双击桌面上的图标，即可启动 Ulead Gif Animator。程序启动后，在窗口的中间位置打开一个启动向导对话框，如图 8-7 所示。如果希望下次启动时不再出现此对话框，选中左下角的“下一次不显示这个对话框”复选框即可。

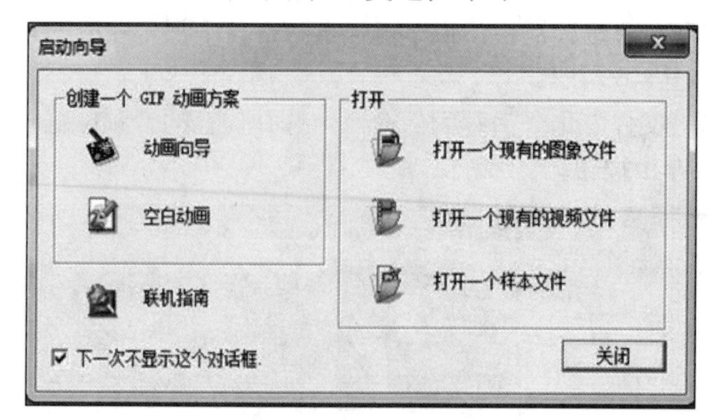

图 8-7　启动向导对话框

（3）窗口的构成

Ulead GIF Animator 动画窗口的结构如图 8-8 所示。进入默认窗口后，中间的工作区即画布，是一个白色的长条，边上有一圈虚线，表示选中状态，单击后会变成黑色的移动指针，如图 8-9 所示。

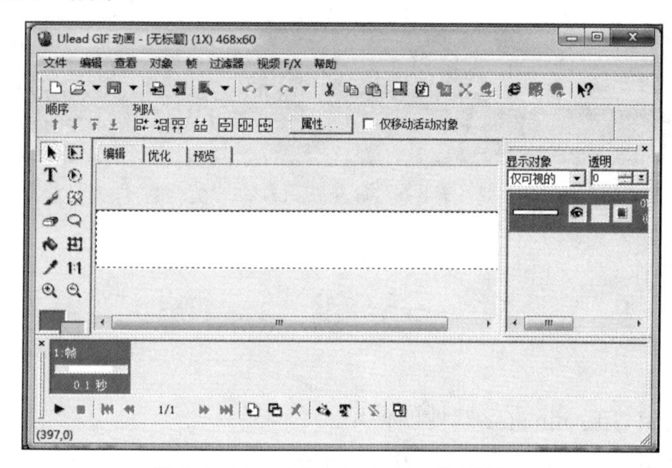

图 8-8　Ulead GIF Animator 动画窗口

图 8-9　画布

1）窗口左边是工具箱，有选择工具和绘图工具，制作动画时可以按照要求选择。将鼠标移到工具按钮上，会出现一个提示，如图 8-10 所示。

① 左边一列主要显示的是选择工具、文字工具、画笔工具、橡皮擦工具和油漆桶工具等。

② 右边一列主要是其他选择工具，如框选、圆形选区、摩术棒选区和套索选区。

2）工具箱底部的两个颜色块，白色是背景色，黑色是前景色，单击后可以选取其他颜色。

3）窗口右边是对象窗口，工作区中的每个内容都会在这里显示，用它还可以在原来的图像上新添加一个图层。其中，第1层是背景层，第2层是空白层，第3层是文字层，这样互不干扰，便于修改，如图8-11所示。

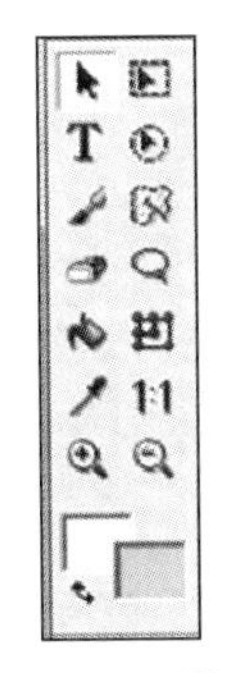

图8-10　工具箱

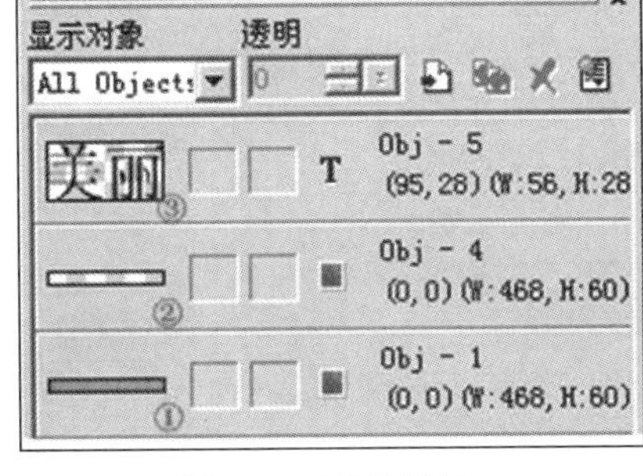

图8-11　对象窗口

4）窗口的底部是帧面板，如图8-12所示。帧面板的上半部是帧窗口，帧相当于一个一个的小格，每一帧里可以放一幅图像，许多帧图像连续播放就可以形成动画。帧面板的下半部是对帧进行操作的各种命令按钮，可以播放图像、添加帧、删除帧及显示帧属性等。

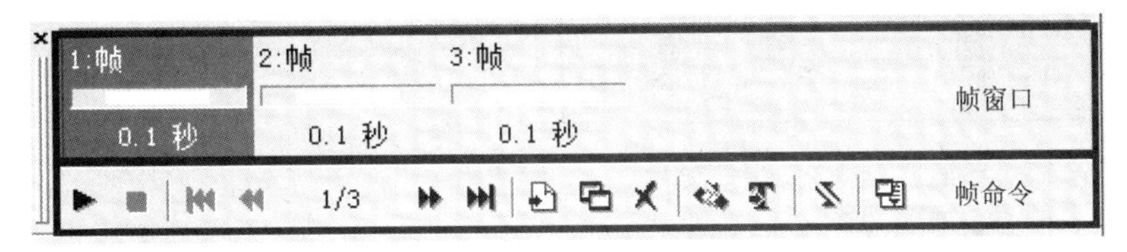

图8-12　帧面板

2. 制作动画

动画由多幅画面组成，当画面快速、连续地播放时，由于人的眼睛存在“视觉滞留效应”而产生动感。

【操作步骤】

步骤1：在桌面上双击Ulead Gif Animator图标，或者在文件夹中双击此图标来启动程序。程序启动成功后，显示一个默认的空白文档，如果出现向导提示，可单击“关闭”按钮。

步骤2：选择画笔工具，在下面的黑色颜色块上单击，打开颜色面板，在颜色面板的下部选中“绿色”，如图8-13所示。然后单击右上角的“OK”按钮。

步骤3：在白色的画布上单击，如果笔画太粗，可调细小些，同时按“CTRL+Z”组合键，撤销刚才画的一笔。在窗口上部的画笔工具栏中，把“大”中的10改成2，其他不变，如图8-14所示。

步骤4：在画布上写上“哈尔滨商业大学”几个字，产生第一帧文字，如图8-15所示。

步骤5：单击“帧面板”｜“添加帧”按钮，添加一个空白帧，如图8-16所示。这样产生了两帧，第一帧中有文字，第二帧里面是空的，单击工作区上边的“预览”按钮，如图 8-17 所示，可以预览制作的效果，然后单击“编辑”按钮可返回到编辑窗口。

步骤 6：选择“文件”|“另存为”|“GIF 文件”命令，输入文件名，保存到文件夹中，此次保存的文件为 GIF 动画文件。

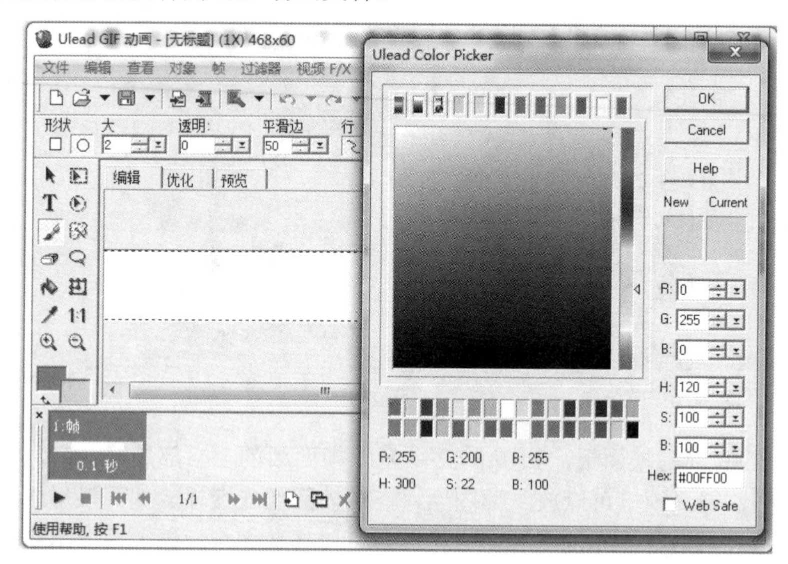

图 8-13 调整画笔颜色

图 8-14 调整画笔宽度工具栏

图 8-15 第一帧文字

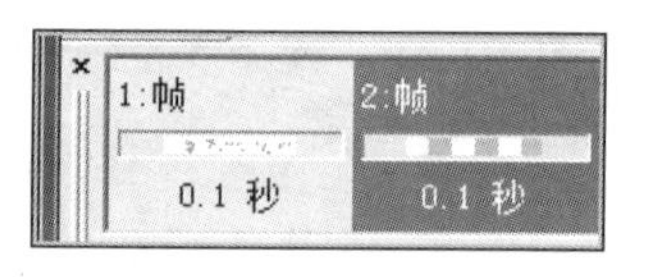

图 8-16 添加空白帧

图 8-17 编辑、预览按钮

3. 闪光字

动画的原理是许多图片快速连续播放，人的眼睛看到的就是一个连贯的动画了。利用颜色的变化来产生闪光字的动画效果的制作过程如下。

【操作步骤】

步骤 1：启动 Ulead Gif Animator 后，在窗口中显示一个默认的空白文档，如果出现向导提示，单击“关闭”按钮。

步骤 2：制作第一帧文字。

① 选择文本工具**T**，单击中间的白色画布，在右下角打开的文本对话框中输入“闪光字”3 个字，单击上边的黑色颜色块，在打开的菜单中，选择“Ulead 颜色选择器”命令，如图 8-18 所示。

② 在颜色面板中选择“绿色”，如图 8-19 所示，单击右上角的“OK”按钮返回文本框。

图 8-18　“Ulead 颜色选择器”命令

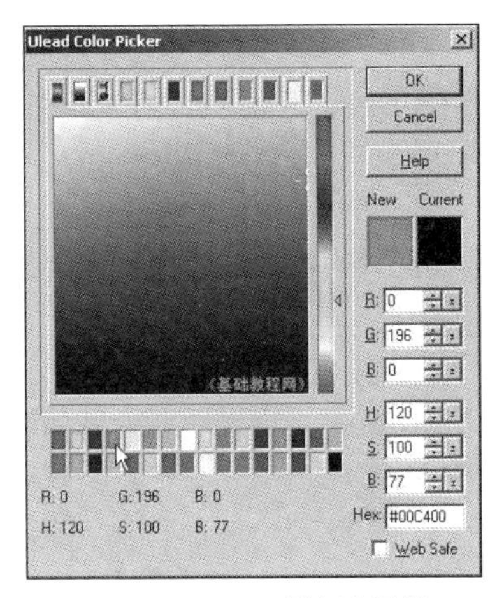

图 8-19　Ulead 颜色选择器

③ 单击“确定”按钮，工作区里面有一个虚线框包围的文字。

④ 选择“编辑”|“修整画布”命令，把多余的白色部分裁切掉，注意保持虚线框的选中状态，如图 8-20 所示。

步骤 3：制作第二帧文字。

① 选择“编辑”|“复制”命令，复制第一帧的文字。

② 在窗口底部的帧面板中单击“添加帧”按钮，添加一个空白帧。

③ 选择“编辑”|“粘贴”命令，粘贴一个相同的文字对象，注意第一帧是白色背景，第二帧是透明背景，如图 8-21 所示。

图 8-20　修改画布后的文字效果

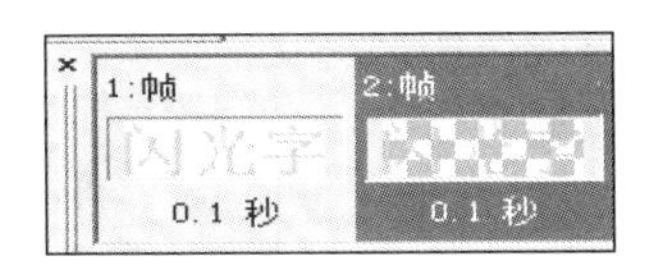

图 8-21　第二帧文字

④ 把鼠标移到窗口的工作区中，选中绿色文字右击，在打开的快捷菜单中选择“文本”|“编辑文本”命令，注意选中绿色笔画，如图 8-22 所示。

⑤ 在右下角打开的面板中单击绿色颜色块，把“绿色”改为“蓝色”，然后单击“确定”按钮返回，如图 8-23 所示。

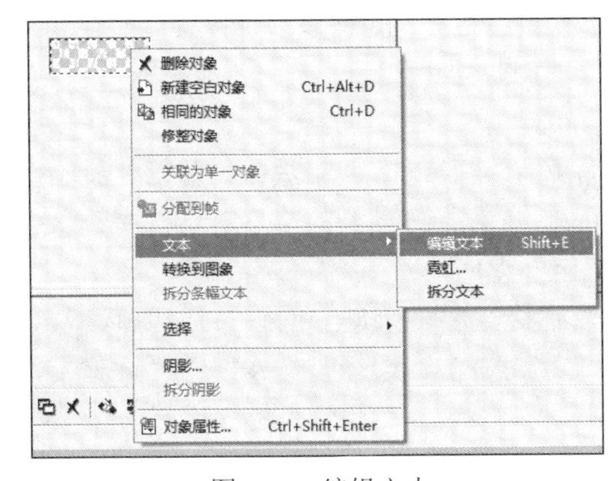

图 8-22　编辑文本

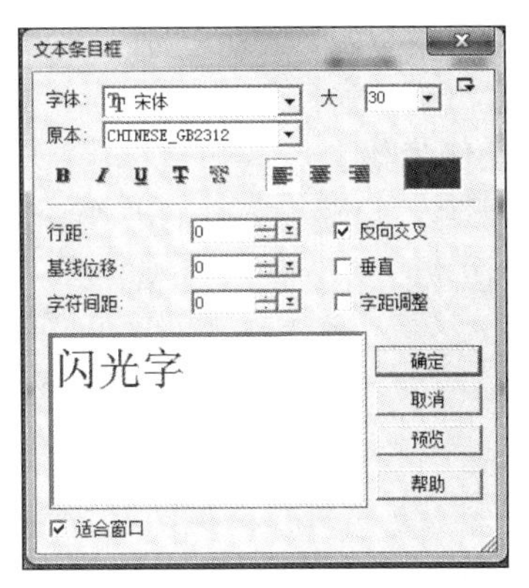

图 8-23　修改第二帧的文字颜色

⑥ 选择“文件”|“保存”命令，将文件保存到指定的文件夹中。再选择“文件”|“另存为”|“GIF 文件”命令，将文件保存为 GIF 图片文件。

4. 透明动画

GIF 动画还可以制作成透明的，这样就能更好地与前景融合在一起。

【操作步骤】

步骤 1：启动 Ulead Gif Animator 后，出现一个白色背景，按 Delete 键删除白色底色，显示棋盘格图案，表示透明背景，如图 8-24 所示。

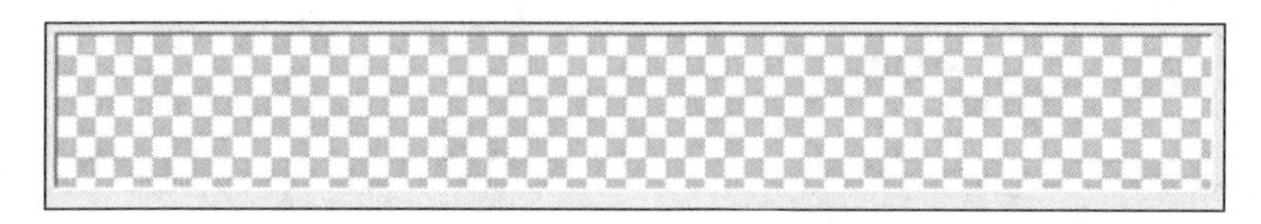

图 8-24　透明背景的工作区

步骤 2：在工具箱中选择文本工具，在画布里单击，在右下角打开的“文本条目框”对话框中，输入“美丽的冰城”4 个字，颜色为“红色”，单击“确定”按钮返回。

步骤 3：选择“编辑”|“修整画布”命令，将多余部分的画布裁切掉。

步骤 4：单击帧面板中的“添加帧”按钮，添加一个空白帧，这一帧的背景同样是透明的；选择文本工具，再单击画布，输入“美丽的冰城”几个字，然后把字体颜色改成“绿色”。

步骤 5：选择选取工具，在窗口上边的对齐工具栏中单击“左右居中”按钮，如图 8-25 所示，把文字排列在画布中央。

图 8-25　对齐工具栏

步骤 6：选择“文件”|“保存”命令，将文件保存到指定的文件夹中。再选择“文件”|“另存为”|“GIF 文件”命令，将文件保存为 GIF 图片文件。

5. 拆分文字

在文字动画中，有一种效果是让文字逐渐显现的，这种效果也被称为打字机效果，在制作动画时经常使用。这种动画效果的制作过程如下。

【操作步骤】

步骤 1：启动 Ulead Gif Animator 程序后，按 Delete 键删除白色背景，显示棋盘格图案。在工具箱中选择文本工具，单击画布，在右下角打开的文本对话框中输入“拆分文本”4 个字，颜色为“红色”，单击“确定”返回。

步骤 2：选择“编辑”|“修整画布”命令，将多余部分的画布裁切掉。

步骤 3：在右上角的对象面板中选中文字，右击，选择“文本”|“拆分文本”命令，将 4 个文字拆开，如图 8-26 所示。

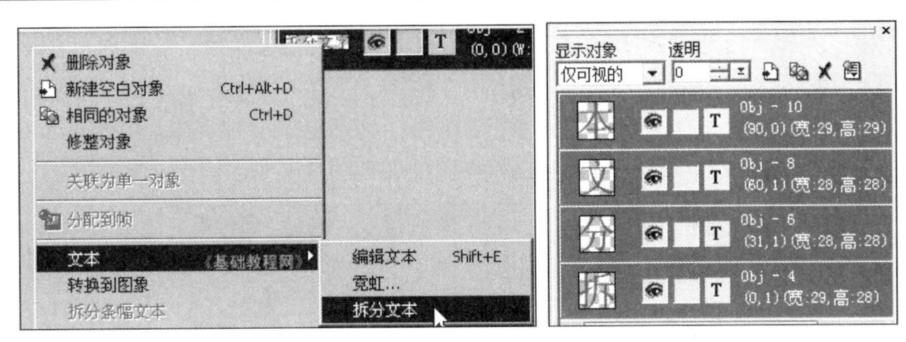

图 8-26 拆分后的效果

步骤 4：在对象面板中，单击空白处取消全选，然后在每个字上右击，选择“文本”命令，将每个字设置不同的颜色，如将“拆”字的颜色改为“红色”，“分”字的颜色改为“蓝色”，“文”字的颜色改为“紫色”，“本”字的颜色改为“绿色”。

步骤 5：在窗口下方的帧面板中，单击 3 次“相同帧”按钮，复制 3 个相同的帧，如图 8-27 所示，开始拆分文本。

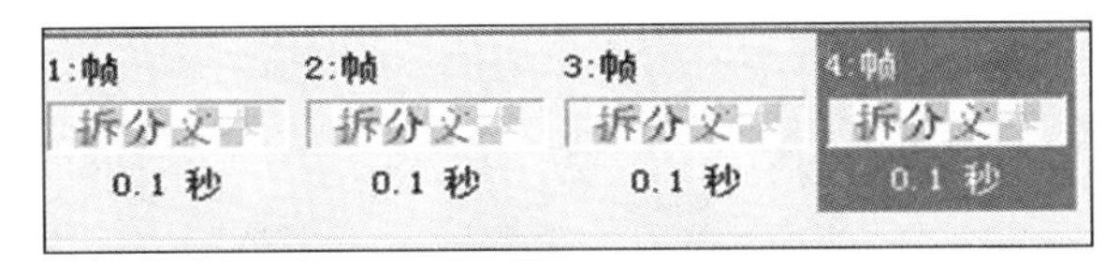

图 8-27 复制 3 个相同的帧

步骤 6：拆分文本的操作。

① 单击左边的第 1 帧，在对象面板中，单击“分”“文”“本”旁边的眼睛图标将其去掉，只留下“拆”字，如图 8-28 所示。

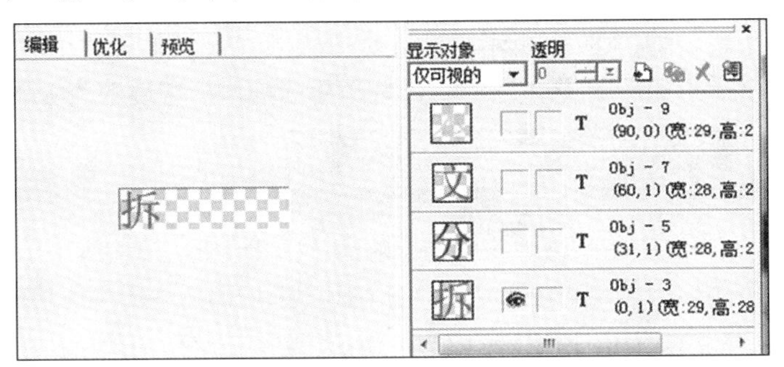

图 8-28 拆分出“拆”字的操作

② 在帧面板中选中第 2 帧，单击“文”“本”旁边的眼睛图标，将其去掉，只留下“拆”“分”两个字。

③ 同样选中第 3 帧，单击“本”旁边的眼睛图标，将其去掉，只留下“拆”“分”“文”3 个字。

④ 选中第 4 帧，单击帧面板的“添加帧”按钮，添加一个空白帧，这样就产生了 5 帧。

⑤ 按住 Ctrl 键，分别单击第 1、2、3、4 帧，全部被选中的帧会变成蓝色。

⑥ 单击帧面板下方的“帧面板命令”按钮，选择“帧属性”命令，打开“画面

帧属性”对话框，把延迟由 10 改成 50，如图 8-29 所示。这样每一帧的时间为 0.5 秒，播放速度会变慢一些，如图 8-30 所示。

⑦ 选择“文件”|“保存”命令，将文件保存到指定的文件夹中。再选择“文件”|“另存为”|“GIF 文件”命令，将文件保存为 GIF 图片文件。

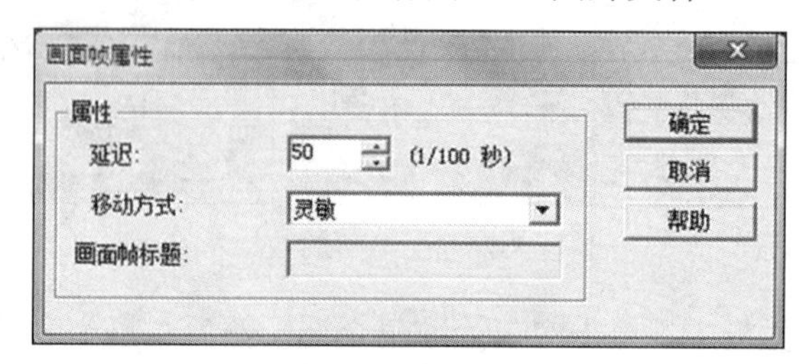

图 8-29 改变帧的播放速度

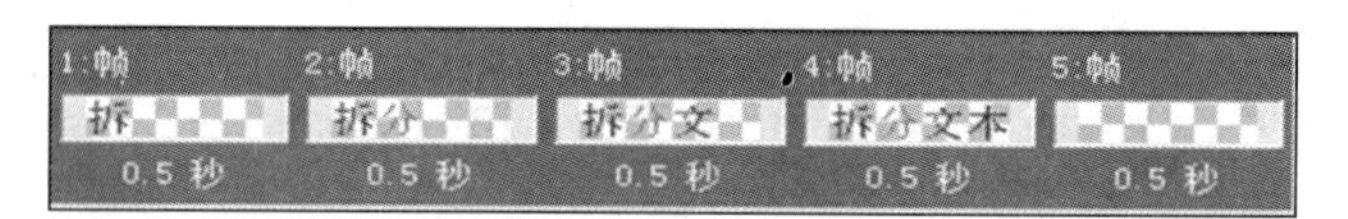

图 8-30 每帧的播放速度相同

6. 霓虹文字

霓虹字是在文字的周围有一圈灯光效果，在帧面板中有一个“添加文本条”按钮，可以创建变化多样的霓虹效果。霓虹文字的制作过程如下。

【操作步骤】

步骤 1：单击帧面板下边的“添加文本条”按钮，打开“添加文本条”对话框。删除文本框里面的内容，在字体框中选择字体为“宋体”，颜色设为红色，输入“一生一世”，阴影先不设，如图 8-31 所示。

步骤 2：单击“霓虹”标签，选中“霓虹”复选框，将宽度改为 3，如图 8-32 所示。

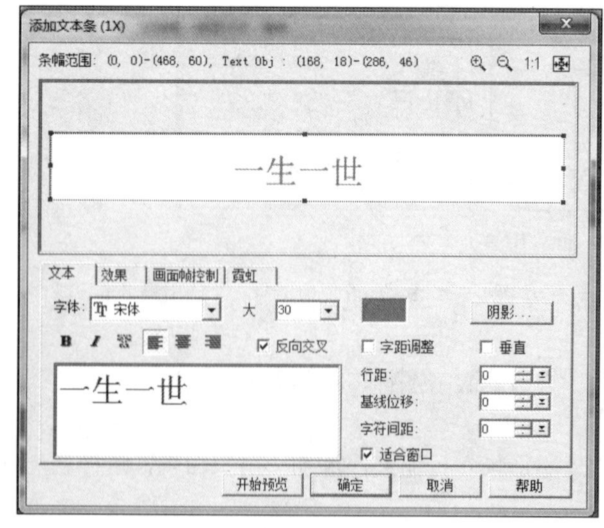

图 8-31 “添加文本条”对话框

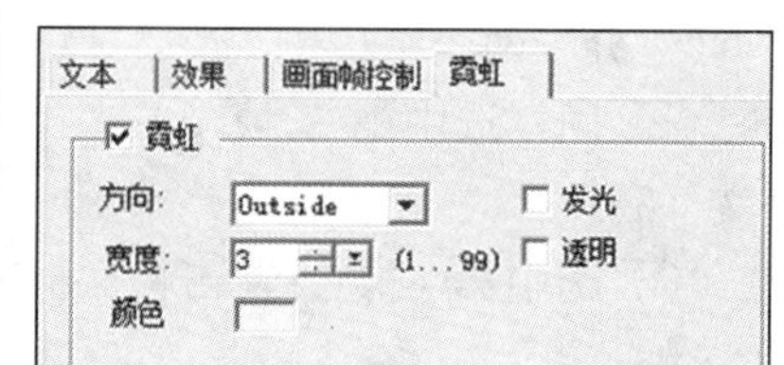

图 8-32 设置“霓虹”效果

步骤3：单击“效果”标签，选中“进入场景”复选框，在列表框中选择“放大（旋转）”选项；选中“退出场景”复选框，在列表框中选择“减弱”选项，如图8-33所示，单击“开始预览”按钮，观看效果。

步骤4：单击“确定”按钮，在弹出的快捷菜单中选择“创建为文本条（推荐）”命令，创建一个文字对象，帧面板自动产生动画帧，如图8-34所示。

步骤5：选择“文件”|“保存”命令，将文件保存到指定的文件夹中。再选择“文件”|“另存为”|“GIF文件”命令，将文件保存为GIF图片文件。

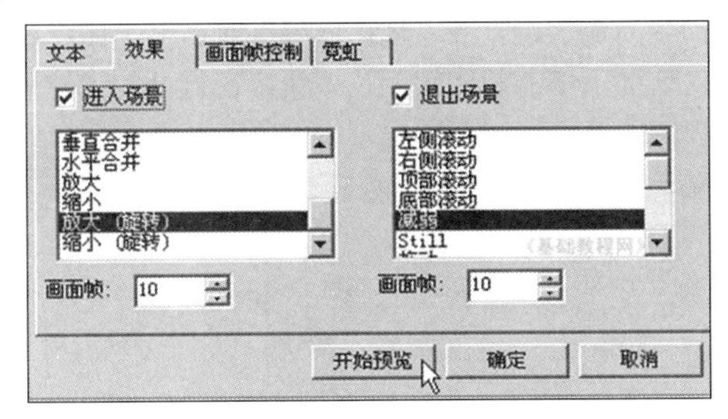

图8-33 设置进入、退出场景效果

图8-34 创建文本对象快捷菜单

7. 图片动画

动画是通过把人物的表情、动作、变化等分解后画成许多动作瞬间的画幅，再用摄影机连续拍摄成一系列画面，给视觉造成连续变化的图画。制作连续变化的动画的过程如下。

【操作步骤】

步骤1：准备几幅动物不同动作的图片。

步骤2：启动程序后，单击“关闭”按钮，按Delete键删除白色背景。

步骤3：选择“文件”|“添加图像”命令，将准备好的图片中的第一幅加进去。再选择“编辑”|“修改画布”命令，把多余的部分裁切掉。

步骤4：选择“帧面板”|“添加帧”命令，添加一个空白帧，再选择“文件”|“添加图像”命令，添加第二幅图片。

步骤5：用同样的方法添加第三幅和第四幅图片，如图8-35所示。这样四幅图片就形成一个连续的动作，单击“预览”按钮可以看到设置效果。

步骤6：选择“文件”|“保存”命令，将文件保存到指定的文件夹中。再选择“文件”|“另存为”|“GIF文件”命令，将文件保存为GIF图片文件。

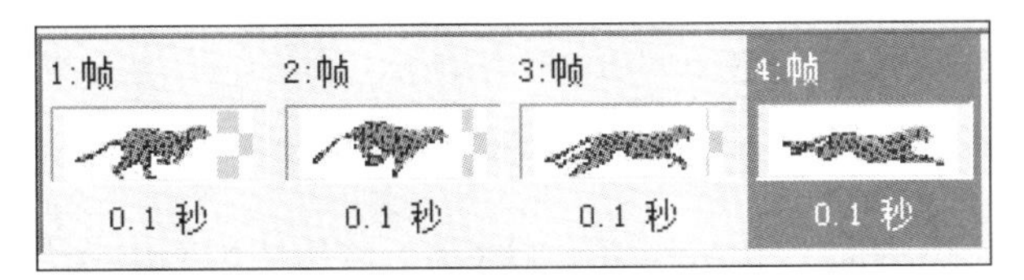

图8-35 添加图片的帧

8. 优化向导

Ulead Gif Animator 优化向导，可以对动画进行优化后输出。优化后的动画体积可能会变得更小，这样便于网络播放和传输；有的优化是要强调动画的画面清晰度，那就得使 GIF 体积优化后变大才能达到效果。动画优化的制作过程如下。

【操作步骤】

步骤 1：选择“文件” | “打开图像”命令，双击要优化的文件，如“连续动画”。

步骤 2：选择“文件” | “优化向导”命令，打开“优化向导”对话框，如图 8-36 所示。选中“使用一个预设优化：”复选框，单击右边的下拉按钮，在打开的下拉列表中选择“Photo 16”选项，颜色少一些。

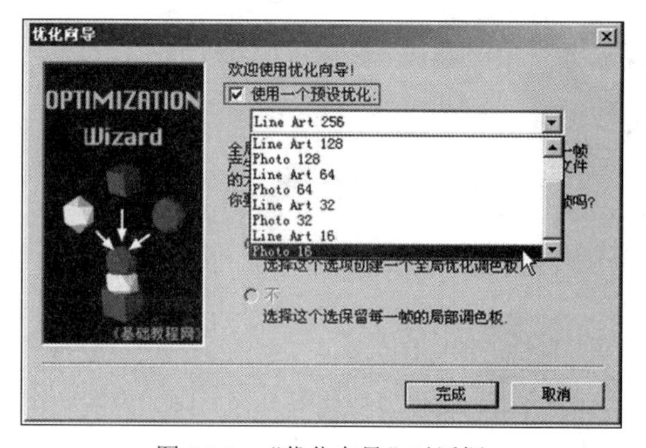

图 8-36 “优化向导”对话框

步骤 3：单击“完成”按钮，打开“GIF 优化”对话框，如图 8-37 所示。在对话框中有优化前后的文件大小对比，可以看到有很大的差别。

步骤 4：选择“文件” | “保存”命令，将文件保存到指定的文件夹中。再选择“文件” | “另存为” | “GIF 文件”命令，将文件保存为 GIF 图片文件。

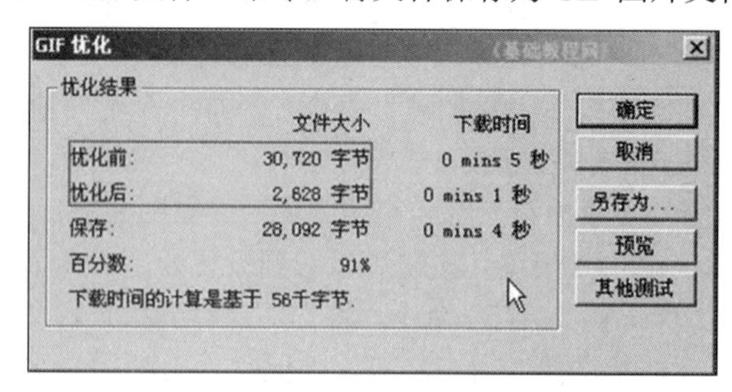

图 8-37 “GIF 优化”对话框

9. 翻转特效

翻转特效是使用 Ulead GIF Animator（UGA）软件实现 GIF 图片（动态图）的水平或垂直翻转（对称）。翻转特效的制作过程如下。

【操作步骤】

步骤1：启动Ulead GIF Animator程序后，按Delete键删除白色背景，显示棋盘格图案。

步骤2：在工具箱中选择文本工具，在画布里单击，在右下角的文本对话框中输入“翻转特效”4个字，颜色为“红色”，单击“确定”按钮返回。

步骤3：选择“编辑”|“修整画布”命令，将多余部分的画布裁切掉。

步骤4：在窗口底部的帧面板中单击“添加帧”按钮，添加一个空白帧。

步骤5：再选中文本工具，单击画布，输入文字“翻转特效”，颜色设为“绿色”，单击“确定”按钮。选择选取工具，在“列队”工具栏中单击“左右居中”按钮，将文字排到中间位置，如图8-38所示和图8-39所示。

图8-38　“列队”工具栏

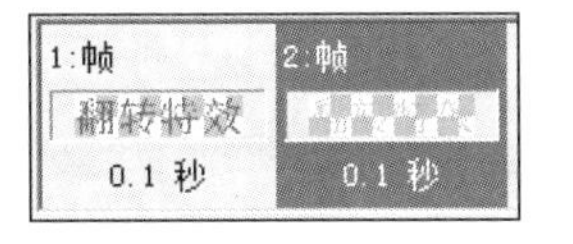

图8-39　第2帧的“翻转特效”

步骤6：选择“视频F/X”|“降落”|“翻转页面-降落”命令，打开“添加效果”对话框，如图8-40所示。选中右边箭头区域中的向右下的箭头，单击“确定”按钮，在帧面板中自动添加了许多动画帧，如图8-41所示。

步骤7：选择“文件”|“保存”命令，将文件保存到指定的文件夹中。再选择“文件”|“另存为”|“GIF文件”命令，将文件保存为GIF图片文件。

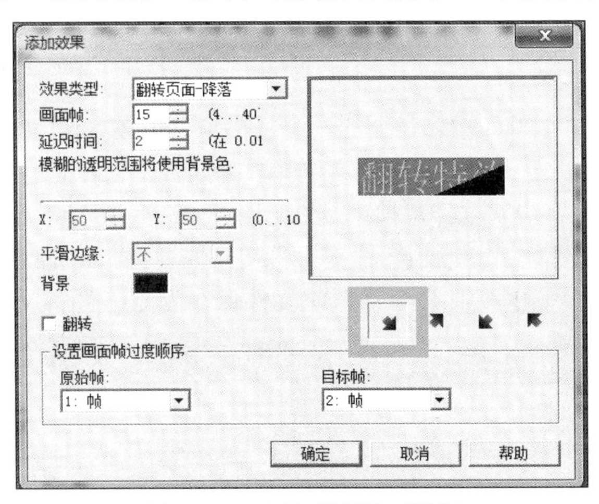

图8-40　“添加效果”对话框

图8-41　添加效果后的帧面板

10. 动作动画

动作动画一般是将各帧的图片位置进行细微的改变，从而产生动画效果。

【操作步骤】

步骤 1：启动 Ulead GIF Animator 程序后，按 Delete 键删除白色背景，显示棋盘格图案。

步骤 2：选择“文件”｜“打开图像”命令，添加一幅卡车图片，如图 8-42 所示。

步骤 3：选择选取工具，单击卡车图片后，其周围出现虚线框，再选择“编辑”菜单中的“复制”命令，复制这张卡车图片。然后再将卡车图片向左边拖动，只露出车头，如图 8-43 所示。

图 8-42　添加“卡车”

图 8-43　露出车头的效果

步骤 4：单击帧面板中的“添加帧”按钮，添加一个空白帧。

步骤 5：选择“编辑”｜“粘贴”命令，复制卡车图片，并把车放到中间位置，如图 8-44 所示。

步骤 6：再单击“添加帧”按钮，选择“编辑”｜“粘贴”命令，将卡车向右移动，只露出车尾，如图 8-45 所示。

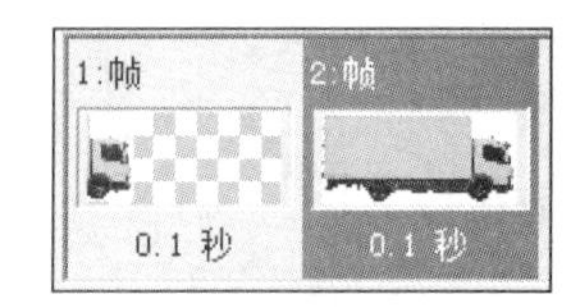

图 8-44　第 2 帧：复制卡车

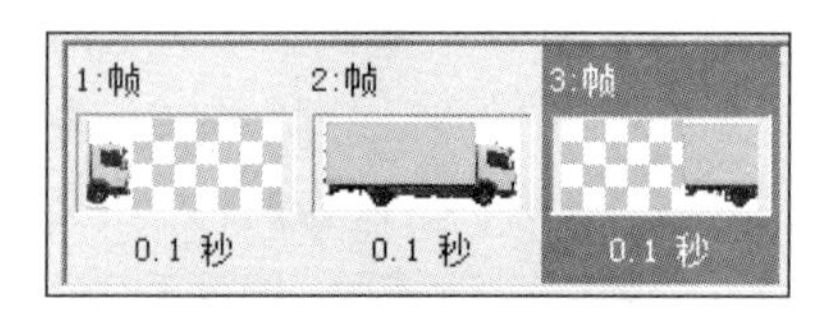

图 8-45　添加车尾的效果

步骤 7：单击“添加帧”按钮，添加一个空白帧。按住 Shift 键，单击第 1 帧后，选中全部帧。再单击“帧面板命令”按钮，选择“帧属性”命令，打开“画面帧属性”对话框，将延迟时间设为 30，这样每帧都是 0.3 秒，如图 8-46 所示。

步骤 8：选择“文件”｜“保存”命令，将文件保存到指定的文件夹中。再选择“文件”｜“另存为”｜“GIF 文件”命令，将文件保存为 GIF 图片文件。

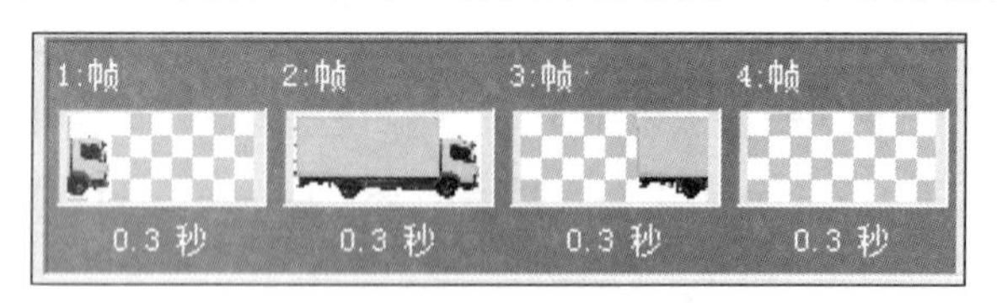

图 8-46　全部选中的帧

实验 8.3　视频处理

实验目的

1）掌握爱剪辑视频编辑软件的使用。

2）掌握利用格式工厂进行视频旋转及格式转换。

实验内容

1. 爱剪辑软件的基本操作

爱剪辑是一款免费的视频编辑软件，可从 http://www.ijianji.com/index.htm 下载免费软件。其特点如图 8-47 所示，安装后即可使用。

图 8-47　“爱剪辑”软件的特点

【操作步骤】

步骤 1：在桌面上双击爱剪辑图标，打开“爱剪辑”对话框，输入片名、制作者、视频大小和临时目录，如图 8-48 所示。

注意：分辨率大小可以自行调整，临时目录可单击“浏览”按钮找到。

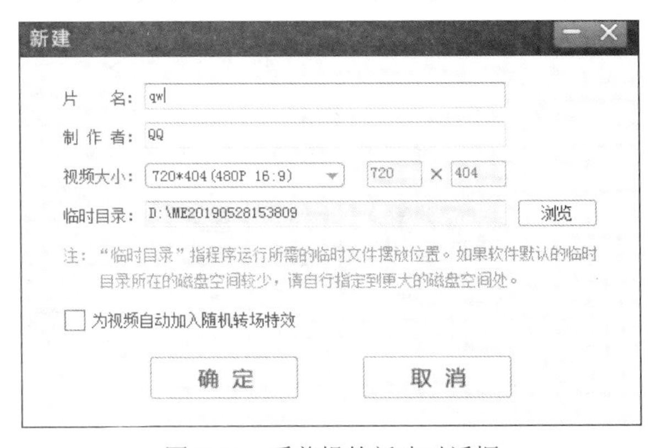

图 8-48　爱剪辑的新建对话框

步骤 2：导入视频。

方法 1：打开视频文件所在文件夹，将视频文件直接拖曳到爱剪辑的“视频”选项卡下即可。

方法 2：双击视频编辑区域添加。

方法 3：单击“添加视频”按钮，如图 8-49 所示。

图 8-49　导入视频

注意：使用这两种方法添加视频时，均可在弹出的文件选择框中对要添加的视频进行预览，然后选择导入。

步骤 3：编辑视频。

① 查看视频信息。单击“视频”选项卡下的视频文件行右边的[i]按钮，可以查看视频信息。

② 查看原视频信息。单击[预览/截取原片]按钮，可以预览和截取原片，如图 8-50 所示。

图 8-50　预览和截取原片

步骤 4：剪辑视频。

剪辑视频，只保留马奔跑视频段，如图 8-51 所示，截取时间段，播放视频预览效果。具体操作如下。

① 双击底部“已添加片段”面板的片段缩略图，打开“预览/截取”对话框，在时间进度条上选取开始时间，单击该对话框截取的“开始时间”处设置片段的开始时间。再在时间轴上选取结束时间，再单击该对话框截取的“结束时间”处设置结束时间。

② 单击“播放截取的片段”按钮，可以观看截取的视频。

③ 单击“确定”按钮，完成截取操作。

图 8-51 剪辑视频

步骤 5：加入文本及音频。

① 添加字幕：在时间进度条上单击要添加字幕的时间点，然后双击此视频预览框，打开“输入文字”对话框，输入想要添加的文本内容，然后单击“确定”按钮。

② 添加字幕效果：选择“字幕特效”选项，选择不同的特效效果。

③ 添加音频：选择“音频”选项，再单击“添加音频”按钮添加音频文件，或者单击“下载更多音效”按钮下载喜欢的音乐，如图 8-52 所示。

注意：音频文件“李健-贝加尔湖畔”从实验文件夹的素材文件夹中获得。

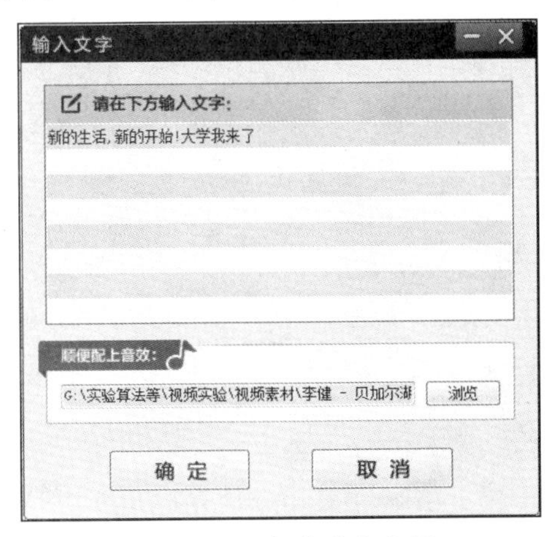

图 8-52 添加文本和音频

步骤 6：编辑文本。

① 双击字幕文字，打开“输入文字”对话框，修改文字并换行，得到如图 8-53 所示的修改字幕效果，然后单击“确定”按钮。

② 单击字幕文字，在“字体设置”选项中设置字体为“华文行楷”，字号为 70，渐变选“黄色”。在“特效参数”选项中设置字体的特效时长为 1 秒，停留时的字幕为 2 秒，消失时的字幕为 1 秒，得到如图 8-53 所示的效果。

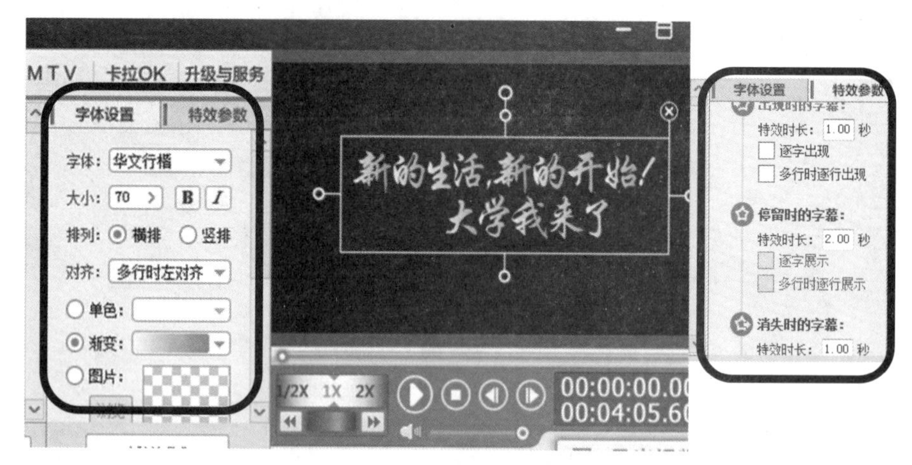

图 8-53 修改字幕的特效

步骤 7：加入图片制作电子相册。

① 添加第二片段，单击“视频”|“添加视频”按钮，在打开的对话框中选择“黑屏视频”。

② 单击选取新添加的黑屏视频，选择“叠加素材”选项，双击编辑窗口，如图 8-54 所示。

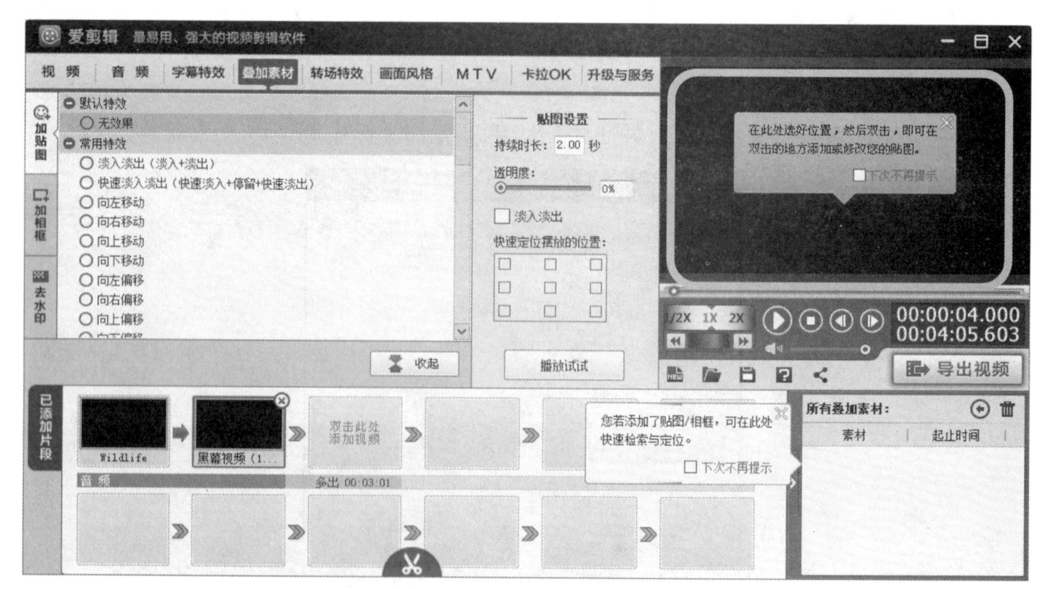

图 8-54 编辑“叠加素材”窗口

③ 添加贴图至列表，将素材文件夹下的图片 1 至图片 7 添加进去。单击图片 1 加

入黑幕视频片段，调整图片位置，设置“淡入淡出”特效，持续时长为3秒，如图8-55所示。

图8-55　设置叠加素材的“加贴图”效果

④ 选择“字幕特效”选项，双击编辑窗口添加文本“哈尔滨商业大学”，在“字体设置”选项中设置字体为“华文行楷”，字号为60，渐变选择“黄色”。在“特效参数”选项中设置字体的特效时长为1秒，停留时的字幕为1秒，消失时的字幕为1秒，如图8-56所示。

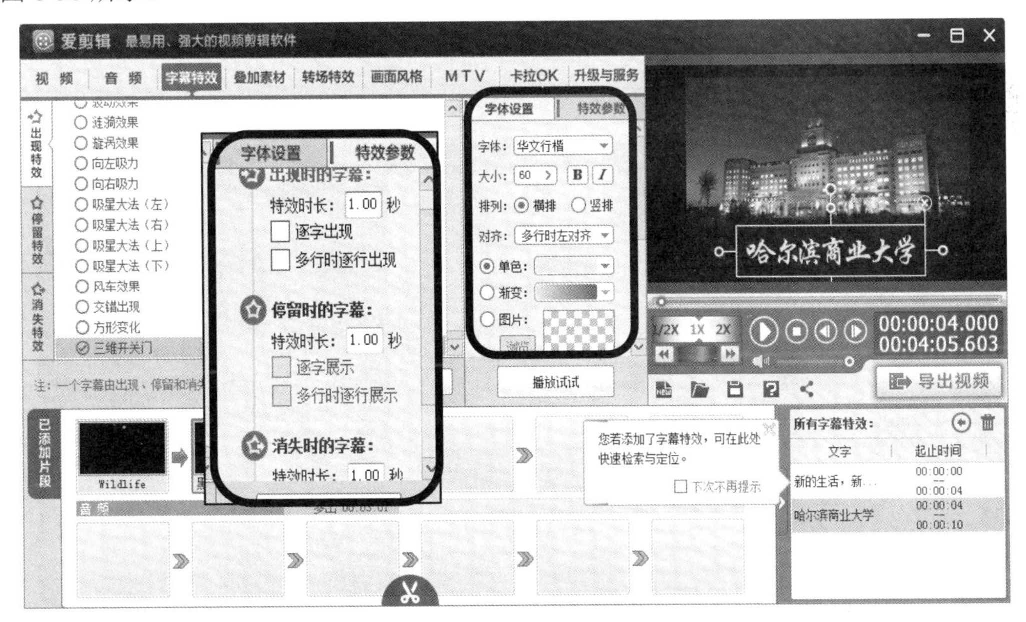

图8-56　设置文本字体和特效参数

⑤ 在第7.56秒，单击面板中的 添加贴图 按钮，将贴图2、贴图3、贴图4依次加入叠加素材，并旋转到适当位置。

贴图 2 常用特效为水平翻出，持续时间 5 秒。贴图 3 常用特效为垂直翻出，持续时间 5 秒。贴图 4 常用特效为向左扫出，持续时间 5 秒，如图 8-57 所示。

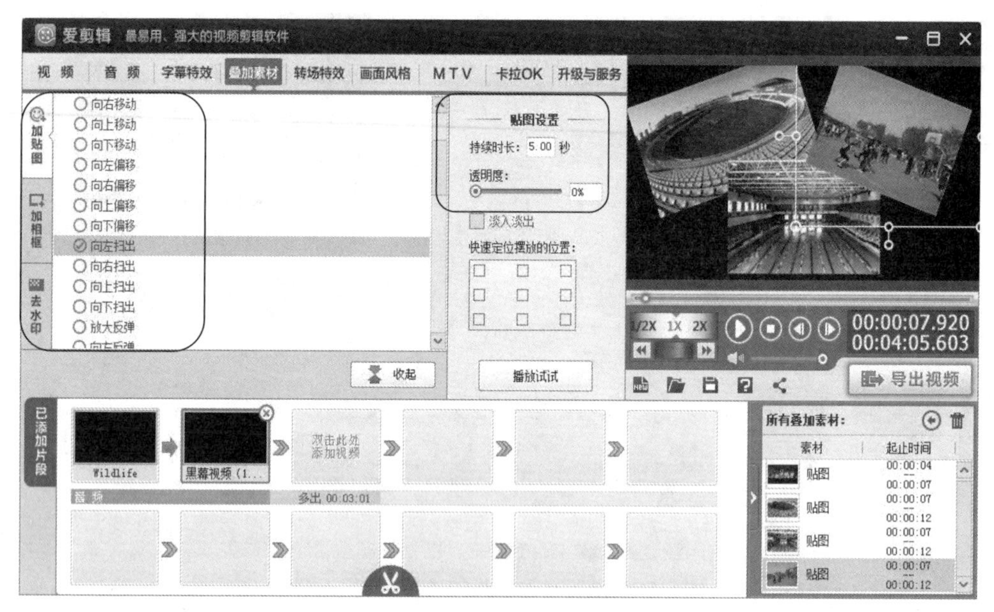

图 8-57 添加多张贴图

⑥ 在第 13.84 秒，单击面板上的“添加贴图”按钮，将贴图 5 加入叠加素材，持续时间 5 秒。单击面板上的“添加相框效果”按钮，选择“指定时间段添加相框”命令，在“选取相框时间段”对话框中设置相框的指定时间段在 13.84～18.84 秒，即贴图 5 出现后持续时段在 5 秒内，具体设置如图 8-58 所示。

注意：*若无法精确找到第 13.84 秒可适当调整时间点，但相框指定时段必须对应贴图 5 的出现时段持续 5 秒。*

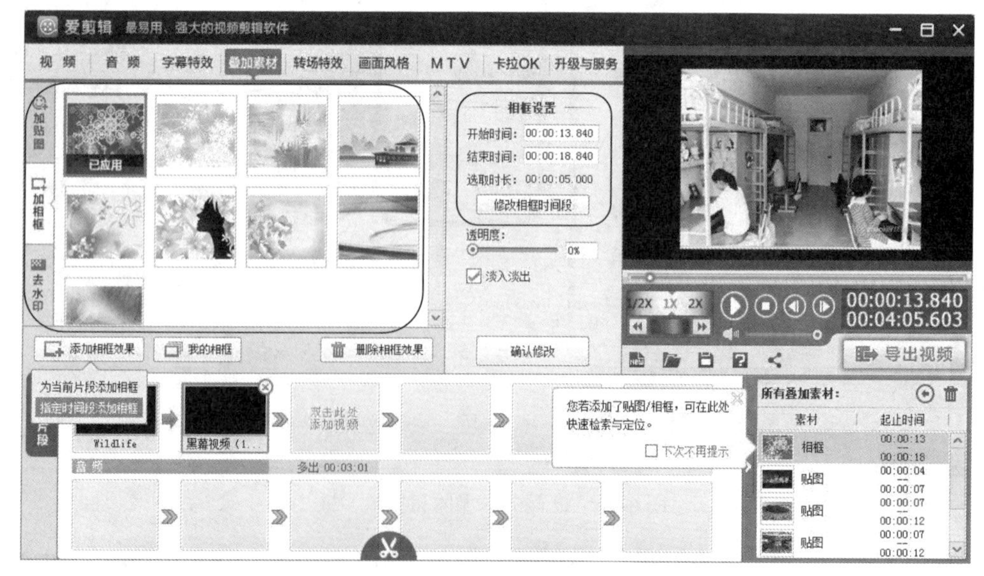

图 8-58 设置贴图 5 的相框效果和指定时段

⑦ 在第 19.36 秒，单击面板上的“添加贴图”按钮，将贴图 6 添加到叠加素材中，持续时间 5 秒，常用特效为“淡入淡出”。选择“画面风格”｜“动景”｜“蒲公英”效果，单击面板上的“添加风格效果”按钮，选择“指定时间段添加风格”选项，在“选取风格时间段”对话框中设置动景效果的指定时间段在 19.36～24.36 秒，即贴图 6 出现后持续的时段在 5 秒内，具体设置如图 8-59 所示。

注意：若无法精确找到第 19.36 秒，可适当调整时间点，但时间设置的指定时段必须对应贴图 6 的出现时段持续 5 秒。

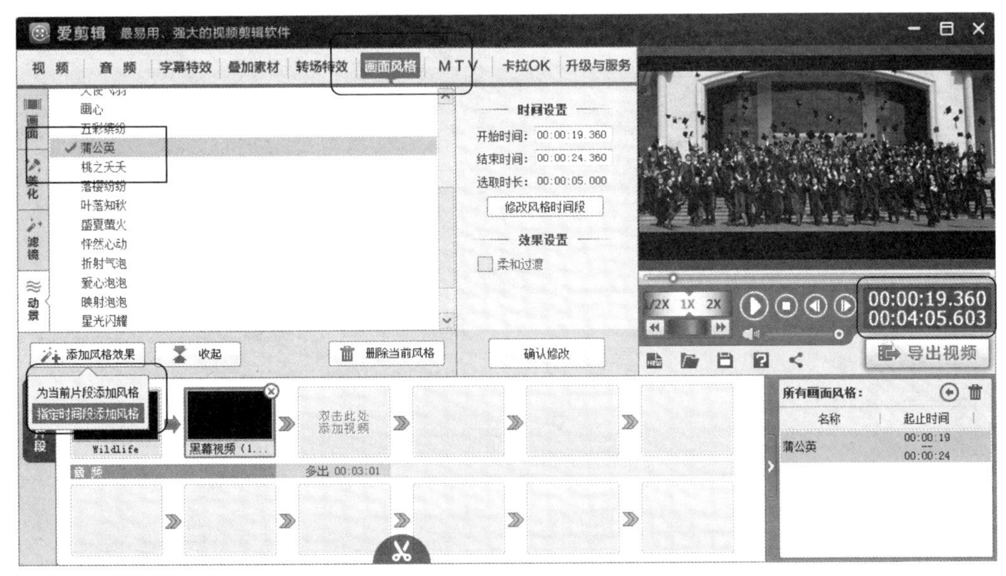

图 8-59　设置贴图 6 的画面风格效果

⑧ 在第 24.72 秒时，单击面板中的“添加贴图”按钮，将贴图 7 添加到叠加素材中，持续时间 3 秒，如图 8-60 所示。

图 8-60　添加贴图 7 到叠加素材中

⑨ 在第 28.36 秒时添加文本，如图 8-61 所示。将文本的出现特效设置为“打字效果”，停留特效设置为“向下扫光（红黄环状）”。

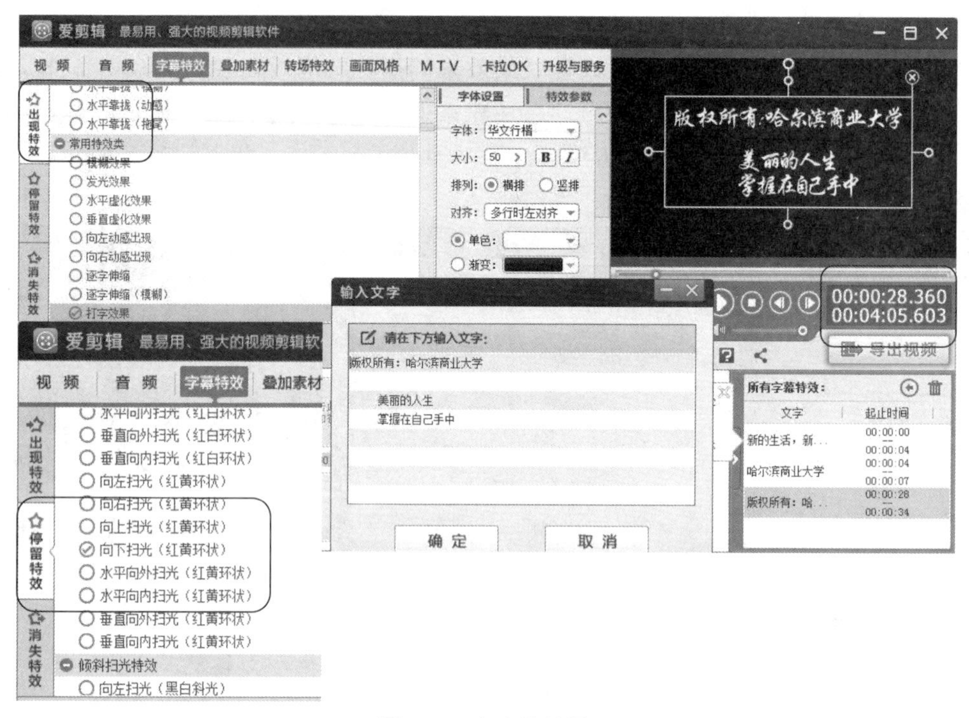

图 8-61 文本的效果

步骤 8：转场效果。对第二片段，设置转场特效为“震撼散射特效 II”，转场特效时长 0.5 秒，单击“应用/修改”按钮，如图 8-62 所示。

图 8-62 设置第二片段的转场效果

步骤 9：编辑音频。选择“音频”选项，单击面板上的“添加音频”按钮，选择“添加音频”命令，打开“预览/截取”对话框，选取开始时间和结束时间。在“此音频将被插入到”选项中选取相应的插入点，然后再单击“确定”按钮，如图 8-63 所示。

图 8-63　插入音频

步骤 10：导出视频。单击窗口右边的“导出视频”按钮，打开“导出设置”对话框，设置“导出设置”和“参数设置”，再给出导出路径，单击“导出”按钮，完成视频的导出，如图 8-64 所示。

导出设置
导出设置：
片　名：qw
制 作 者：QQ
片头特效：好莱坞风潮　下载更多片头特效
导出格式：MP4格式
参数设置：
导出尺寸：720*404 (480P 16:9)　720 × 404
视频比特率：5000　5000 Kbps
视频帧速率：25.0
音频采样率：48000
音频比特率：128
导出路径：　浏览
导 出　取 消

图 8-64　导出设置

2. 格式工厂软件的基本操作

PowerPoint 演示文稿中可插入任意视频，却只接受几种特定的视频格式，如 AVI、MPG、WMV、ASF 等，需要视频格式转换。使用“格式工厂”软件可实现相关转换的操作。具体操作步骤如下。

【操作步骤】

步骤 1：打开“格式工厂”软件。

步骤 2：将视频文件拖入“格式工厂”界面，或在左侧列表框中单击“AVI”图标添加文件。

步骤 3：在横向视频.mp4 上双击，可剪裁视频或截取视频画面，如图 8-65 所示。

图 8-65 编辑视频

步骤 4：单击“输出配置”按钮，打开“视频设置”对话框，在“配置”列表框中选择“高级”|“旋转”选项，数值为“右”，单击“确定”按钮，如图 8-66 所示。

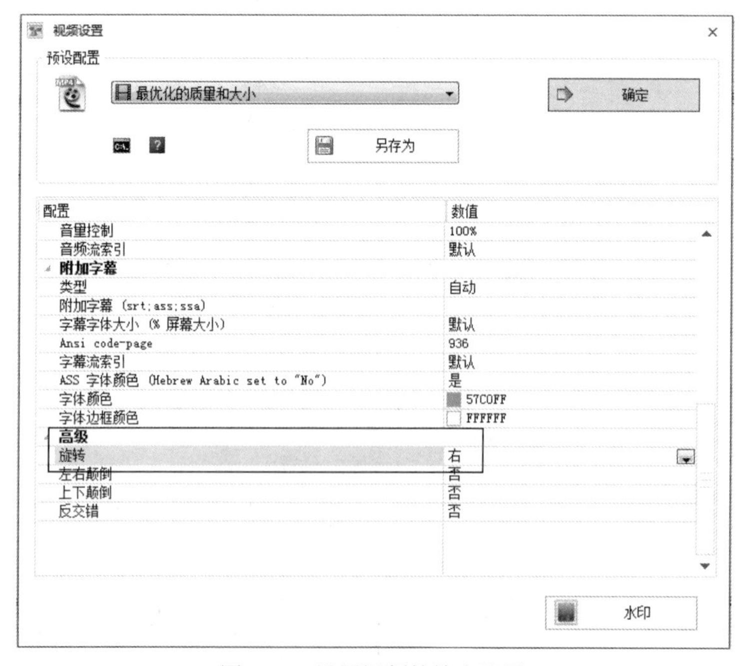

图 8-66 设置视频的输出配置

步骤5：修改输出文件夹。选择正下方的“输出文件夹”选项可以修改输出文件夹，将输出文件保存到指定的位置，添加完毕后单击右上角的“确定”按钮；然后再单击导航栏“开始”按钮，开始转换，完成格式转换同时旋转视频，如图8-67所示。

图8-67 设置视频的转换

实验9 计算思维的跨学科应用——科赫雪花递归问题

实验目的

1）了解计算机可视化的计算机模拟仿真软件Raptor的应用。

2）了解计算思维问题求解的一般步骤：形式化描述—建模—优化—表示及执行。

实验内容

科赫曲线是一种分形，其形态似雪花，又称科赫雪花。请绘制科赫雪花，按照用户需求实现任意次分形。

【分析】

这种曲线的作法是从一个正三角形开始，把每条边三等分，然后以各边的中间长度为底边。分别向外作正三角形，再把“底边”线段抹掉，这样就得到一个六角形，它共有 12 条边。再把每条边三等分，以各中间部分的长度为底边，向外作正三角形后，抹掉底边线段。反复迭代进行这一过程。

科赫曲线是典型的递归问题，递归公式为

$$f(\text{level}, \text{line}) = \begin{cases} f(\text{level-1}, \text{line}/3) & (n > 0) \\ \text{line} & (n = 0) \end{cases}$$

其中，level 为分形次数，line 为科赫曲线长度。科赫雪花由三条科赫曲线组成，每条科赫曲线可以由以下步骤生成：

1）给定线段 *AB*；

2）将线段三等分（*AC*，*CD*，*DB*）；

3）以 *CD* 为底，向外画一个等边三角形 *DMC*；

4）将线段 *CD* 移去；

5）分别对 *AC*，*CM*，*MD*，*DB* 重复步骤 2）～4）。

在科赫曲线绘制基础上，再初始化正三角形，每个边当作一条科赫曲线去绘制。

【操作步骤】

步骤 1：单击“开始”按钮，在弹出的快捷菜单中选择“Raptor 汉化版”命令，启动 Raptor 汉化版程序。

步骤 2：选择“模式”｜“中级”模式，在 main 窗口标签上，右击，选择“增加一个子程序”选项。

步骤 3：在打开的“创建子程序”对话框中，子程序名文本框中输入“drawOneEdge”，参数 1 文本框中输入“x1”，参数 2 文本框中输入“y1”，参数 3 文本框中输入“x5”，参数 4 文本框中输入“y5”，参数 5 文本框中输入“level”。5 个参数都是输入参数，选中“输入”复选框。

步骤 4：单击“符号”｜“选择”符号，在 drawOneEdge 窗口中单击“输入”符号，将“选择”符号添加到流程图中，然后双击“选择”符号，输入“level=0”。

步骤 5：当分形次数输入无误后，通过子程序调用进行递归。

1）单击“符号”｜“赋值”符号，在 drawOneEdge 窗口中单击“选择”条件框的“No”分支，添加 6 个“赋值”符号，然后双击“赋值”符号，输入“x2= x1*2/3+x5*1/3”，“y2=y1*2/3+y5*1/3”，“x4=x1*1/3+x5*2/3”，“y4=y1*1/3+y5*2/3”，“x3=(x2+x4)/2+(y2−y4)*sqrt(3) /2”，“y3= (y2+y4)/2+(x4−x2)*sqrt(3)/2”。

2）单击“符号”｜“调用”符号，在 drawOneEdge 窗口中单击“赋值”符号，将 4 个“调用”符号添加到流程图中，然后双击“调用”符号，输入“drawOneEdge (x1,y1, x2,y2,level−1)”，“drawOneEdge(x2,y2,x3,y3,level−1)”，“drawOneEdge(x3,y3,x4,y4,level−1)”，“drawOneEdge(x4,y4,x5,y5,level−1)”。

步骤 6：单击“符号”｜“调用”符号，在 drawOneEdge 窗口中单击“选择”条件框的“Yes”分支，将“调用”符号添加到流程图中，然后双击“调用”符号，输入“Draw_Line(x1,y1,x5,y5,Black)”，如图 9-1 所示。

步骤 7：单击“符号”｜“输入”符号，在 main 窗口中单击“Start”按钮，将“输入”符号添加到流程图中，然后双击“输入”符号，输入分形次数 n。

步骤 8：单击“符号” | “赋值”符号，添加 6 个“赋值”符号，然后分别双击“赋值”符号，输入“w=900”，“h=600”，“x=w/2”，“y=h/2”，“r=h/2−50”。

步骤 9：单击“符号” | “调用”符号，在 main 窗口中单击“赋值”符号，将 4 个“调用”符号添加到流程图中，然后分别双击“调用”符号，输入“Open_Graph_Window(w,h)”，“drawOneEdge(x,y−r,x−r*sqrt(3)/2,y+r/2,n)”，“drawOneEdge(x−r*sqrt(3)/2, y+r/2, x+r*sqrt(3)/2,y+r/2,n)”，“drawOneEdge(x+r*sqrt(3)/2,y+r/2,x,y−r,n)”，如图 9-2 所示。

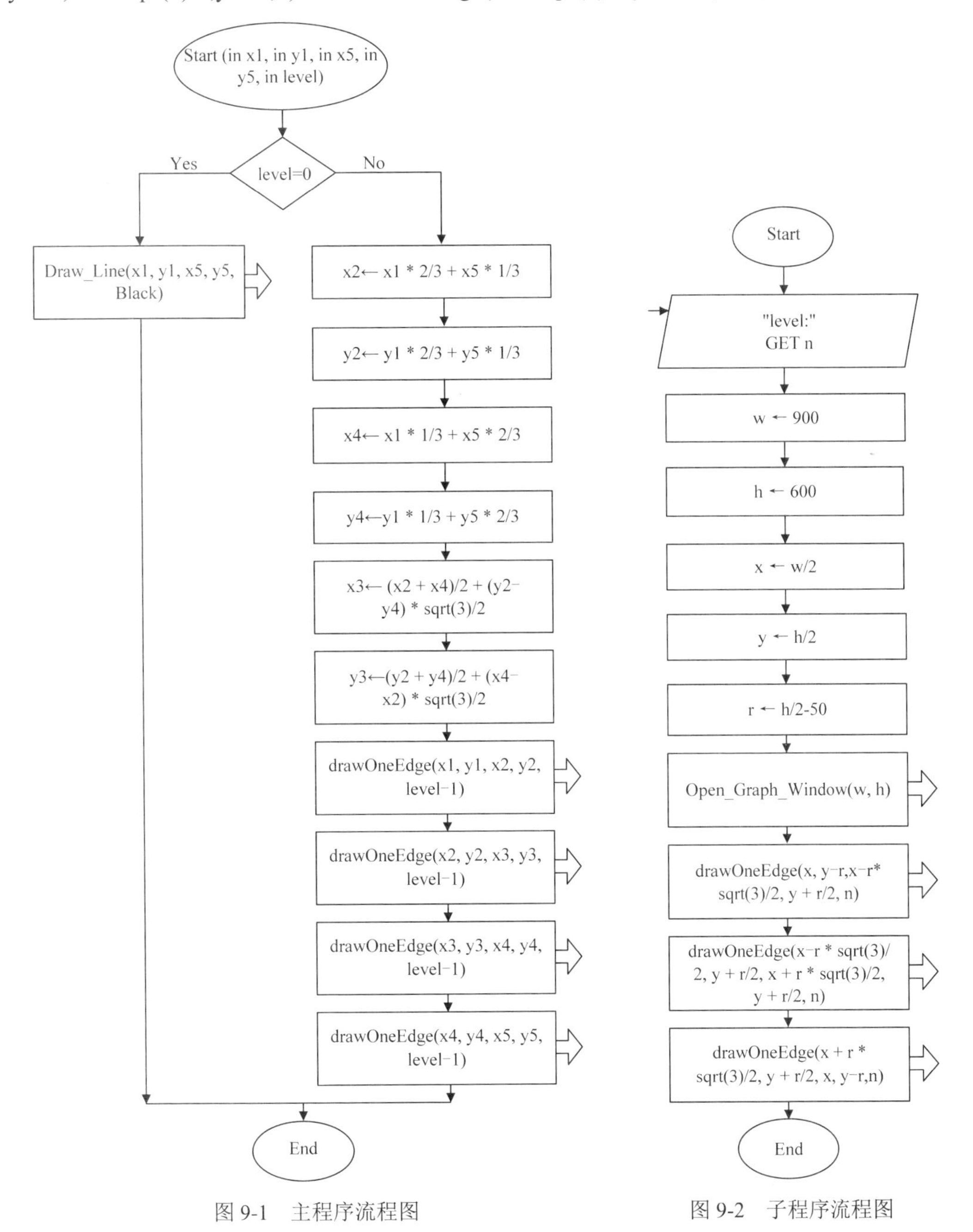

图 9-1　主程序流程图　　　图 9-2　子程序流程图

步骤 10：单击“运行”|“运行”按钮，程序运行的结果会显示在主控台中，如图 9-3 所示。

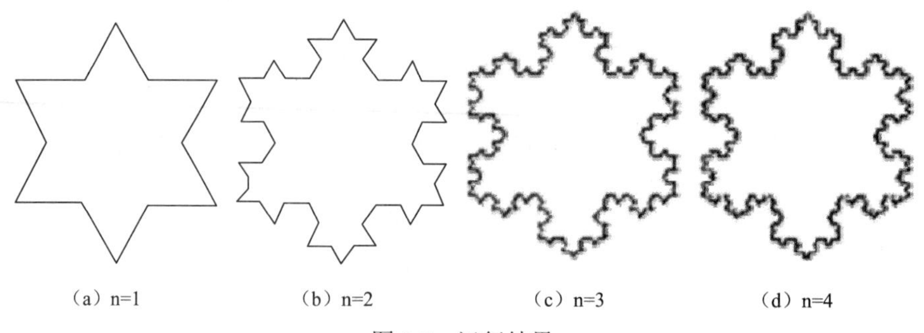

图 9-3 运行结果

第 2 章　习题与参考答案

2.1　计算与计算思维习题

一、选择题

1.（　　）是指在某计算装置上，根据已知条件，从某一个初始点开始，在完成一组良好定义的操作序列后，得到预期结果的过程。

A. 计算　　B. 计算需求　　C. 计算机　　D. 计算的解

2. 二进制是由科学家（　　）首先提出来的。

A. 图灵　　B. 冯·诺依曼　　C. 莱布尼兹　　D. 布尔

3. 计算机模拟也称（　　），是指使用计算机模仿现实世界（物理世界和人类社会）中的真实系统随时间演变的过程。

A. 仿真　　B. 虚拟　　C. 抽象　　D. 建模

4.（　　）提出了在数字计算机内部的存储器中存放程序的概念，这是所有现代电子计算机的模板。

A. 图灵　　B. 冯·诺依曼　　C. 莱布尼兹　　D. 布尔

5. 对于计算思维，下列说法错误的是（　　）。

A. 计算思维是一种借助于计算能力进行问题求解的思维和意识

B. 计算思维并不是继逻辑思维和形象思维以后的人类思维的第三种形态

C. 计算思维的本质是抽象和自动化

D. 计算思维是计算机科学家独有的思维方式

6.（　　）是以社会领域为主要研究对象，运用调查、统计和归纳等方法，把握社会规律，解决社会问题，促进社会进步。

A. 自然科学　　B. 社会科学　　C. 人文科学　　D. 实验科学

7.（　　）分为计算机科学、软件工程、计算机工程、信息技术和信息系统 5 个分支学科或专业。

A. 计算学科　　B. 科学计算　　C. 计算科学　　D. 信息科学

8.（　　）是指运用计算机科学的基础概念去求解问题、设计系统和理解人类行为。

A. 理论思维　　B. 实验思维　　C. 计算思维　　D. 科学思维

9. 在超市付账时应当去排哪个队呢？这就是多服务器系统的性能模型。为什么停电时你的电话仍然可用？这就是失败的无关性和设计的冗余性。这些生活中的事例，其实都和（　　）有关。

A. 理论思维　　B. 实验思维　　C. 计算思维　　D. 科学思维

10. 应当请计算机科学的教授为大学新生开一门“如何像计算机科学家一样思维”

的课，使新入学的学生接触计算的方法和模型，激发他们对计算机领域中科学探索的兴趣。所以，应当传播（　　）的快乐、崇高和力量，致力于计算思维的常识化。

A. 社会科学　　B. 人文科学　　C. 实验科学　　D. 计算机科学

11. 现实生活中面临自然资源消耗过快、全球变暖、环境污染、医疗保障、非传统安全、老龄化等严峻问题。解决这些问题有两个共同的要求，一是多学科交叉，二是离不开计算。这里所说的计算，不仅是用计算机作为工具来提高解决问题的效率，更是（　　）在理解问题本身、寻求解决问题途径中所起的作用。

A. 计算科学　　B. 计算学科　　C. 计算思维　　D. 科学计算

12. 由（　　）可知，公共生活中，如果每个人都从眼前利益、个人利益出发，结果会对整体的利益（间接对个人的利益）造成伤害。

A. 囚徒困境　　B. 六度分割　　C. 社会计算　　D. 双赢对局

13. 经济学将两个企业联合起来垄断某种商品的市场行为称为双寡头经济。例如，可口可乐公司和百事可乐公司，如果双方合作，都实行比较高的价格，那么双方都可以因为避免价格大战而获得较高的利润。这种双方都采取高价策略的对局形势称为（　　）。

A. 囚徒困境　　B. 六度分割　　C. 社会计算　　D. 双赢对局

14. 社会网络其实并不高深，它的理论基础正是（　　）。

A. 囚徒困境　　B. 六度分割

C. 社会计算　　D. 双赢对局

15. 感测技术是获取信息的技术，（　　）是传递信息的技术，计算机技术是处理信息的技术，而控制技术是利用信息的技术。

A. 存储技术　　B. 音像技术

C. 通信技术　　D. 检索技术

二、填空题

1. ______作为一种普遍的认识和一类普适的技能，每个公民都应该热衷于它的学习和运用。

2. ______是反映现实世界中各种现象及其客观规律的知识体系。

3. 按照研究对象的不同，科学可分为自然科学、社会科学和______，以及总结和贯穿这 3 个领域的哲学和数学。

4. 2005 年 6 月，由美国总统信息技术咨询委员会提交的“计算科学：确保美国竞争力”报告中，再次将______提升到国家核心科技竞争力的高度。报告认为，虽然计算本身也是一门学科，但是其具有促进其他学科发展的作用。

5. 计算思维是运用计算机科学的基础概念去______、设计系统和理解人类行为。

6. 图灵奖获得者，加州大学伯克利分校教授 Richard Karp 发表过一篇题为“*Understanding Science Through Computational Lens*”的文章，讲的就是______在推动其他科学门类的发展中会扮演日益重要与深刻的角色。

7. 利用计算模型进行快速模拟和预测，指导生物学的实验，辅助药物设计，改良物种用于造福人类，可以说是______中最富有挑战性的任务。

8. ______是科学与艺术相结合的一门新兴的交叉学科，它包括绘画、音乐、舞蹈、影视、广告、书法模拟、服装设计、图案设计、产品和建筑造型设计及电子出版物等众多领域。

参考答案

一、选择题

1～5. ACABD　　6～10. BACCD　　11～15. CADBC

二、填空题

1. 计算思维　2. 科学　3. 思维科学　4. 计算科学
5. 求解问题　6. 计算思维　7. 计算生物学　8. 计算机艺术

2.2　信息的数字化表示习题

一、选择题

1. 下列命题，（　　）不是命题。
A. 离散数学是计算机学科的一门必修课　B. 3 能被 2 整除
C. 火星上有水　D. 禁止吸烟！

2. 命题 P：今晚我在寝室；命题 Q：今晚我去图书馆。
那么，P∨Q 表达的是（　　）。
A. 我今晚在寝室
B. 今晚我去图书馆
C. 我今晚不在寝室也不去图书馆
D. 我今晚在寝室或者去图书馆

3. 在逻辑代数中，与、或、非是逻辑变量 A、B 之间的 3 种最基本的逻辑运算。只有决定事物结果的全部条件同时具备时，结果才发生，这种因果关系称为（　　）。
A. 逻辑与　B. 逻辑或　C. 逻辑非　D. 逻辑异或

4. 能实现逻辑运算的电路称为逻辑门电路（门电路），常用的门电路有与门、或门、和非门，通过这 3 个基本门电路组合可得与非门、或非门、异或门等电路。反向器是指（　　）电路。
A. 与门　B. 或门　C. 非门　D. 与非

5. 用晶体管实现逻辑门电路中，主要用到了三极管的开关特性和二极管的（　　）特性。
A. 整流　B. 静噪　C. 稳压　D. 单向导通

6. 在微机中，应用最普遍的字符编码是（　　），即美国信息交换标准代码。
A. BCD 码　B. ASCII 码　C. 汉字编码　D. 补码

7. 通过键盘输入汉字时，输入的是汉字的（　　）。

A. 外部码　　B. 内码　　C. 字形码　　D. 交换码

8. 存储容量单位中的“GB”是指（　　）。

A. 2^{10}B　　B. 2^{20}B　　C. 2^{30}B　　D. 2^{40}B

9. 在内存中，每个基本单位都被赋予一个唯一的序号，这个序号称为（　　）。

A. 字节　　B. 编号　　C. 地址　　D. 容量

10. 计算机的内存储器比外存储器（　　）。

A. 成本低　　B. 存取速度快　　C. 存储信息多　　D. 存取速度慢

11. 在计算机内部，信息的存取、处理和传送的形式是（　　）。

A. ASCII 码　　B. BCD 码　　C. 二进制数　　D. 十六进制数

12. 二进制数 10000001 转换成十进制数是（　　）。

A. 127　　B. 129　　C. 126　　D. 128

13. 与十进制数 225 相等的二进制数是（　　）。

A. 11100001　　B. 11111110　　C. 10000000　　D. 11111111

14. 将二进制数 1001101 转换成十六进制数为（　　）。

A. 3C　　B. 4C　　C. 4D　　D. 4F

15. 下列 4 个不同数制中的最小数是（　　）。

A. (213)D　　B. (1111111)B　　C. (D5)H　　D. (416)O

16. 多媒体的关键技术是（　　）。

A. 视频技术　　B. 音频技术

C. 数据压缩与解压缩技术　　D. 光盘技术

17. （　　）文件是 Windows 所用的标准数字音频文件。

A. .mp3　　B. .wav　　C. .avi　　D. .mpg

18. （　　）文件是 Windows 使用的动态图像格式，不需要特殊的设备就可以将声音和影像同步播出。

A. .mp3　　B. .wav　　C. .avi　　D. .bmp

19. （　　）通常是指人工创造出来的连续图形所组合成的动态影像。

A. 动画　　B. 视频　　C. 图像　　D. 图形

20. 存储一首 3 分钟的 CD 音质的立体声歌曲需要（　　）存储空间。其中，CD 音质下采样频率为 44.1kHz，振幅量子化为 2B。

A. 15.88MB　　B. 31.75MB　　C. 529KB　　D. 265KB

21. 图像编码的主要目的是（　　）和图像传输。

A. 图像扫描　　B. 数据压缩　　C. 图像捕捉　　D. 采样

22. （　　）格式是 Windows 中标准图像文件格式，它以独立于设备的方法描述位图，可用非压缩格式存储图像数据，解码速度快，支持多种图像的存储，各种 PC 图形、图像软件都能对其进行处理。

A. .GIF　　B. .BMP　　C. .ASF　　D. .TIFF

23. （　　）利用了人类视觉和听觉器官对图像或声音中的某些成分不敏感的特性，允许在压缩过程中损失一定的信息以减少数据量，广泛用于音频、视频数据的压缩中。

A. 无损压缩　　B. 有损压缩　　C. 冗余压缩　　D. 无失真压缩

24. 声音信号是时间、幅度上都连续的模拟信号。在特定的时间段内对这种连续变化的模拟信号进行不断地测量叫作（　　）。

A. 采样　　B. 离散信号　　C. 数字信号　　D. 量化

25.（　　）软件可以在普通声卡上同时处理 64 轨的音频信号，具有极丰富的音频处理效果，并能进行实时预览和多轨音频的混缩合成，是个人音乐工作室的音频处理首选软件。

A. Photoshop　　B. ACDSee　　C. 画图　　D. Adobe Audition

26.（　　）给世界上每种语言的文字、标点符号、图形符号和数字等字符都赋予唯一的二进制编码，以满足跨语言、跨平台进行文本转换、处理的要求，这对于全球互联互通是十分有益的。

A. Unicode　　B. ASCII 码　　C. 汉字编码　　D. 补码

27. 在不同的应用场合，需要使用不同的描述颜色的量化方法，这便是颜色模型。例如，显示器采用（　　）模型，打印机采用 CMYK 模型。

A. CMYK　　B. RGB　　C. HSB　　D. AVI

28. 打印机采用（　　）模型。

A. CMYK　　B. RGB　　C. HSB　　D. AVI

29. 行程编码是一种统计编码，属于（　　）编码，是栅格数据压缩的重要编码方法。

A. 轻压缩　　B. 重压缩　　C. 无损压缩　　D. 有损压缩

30. 真实世界中的所有信息都可以采用 0/1 比特模式进行（　　），根据不同的背景和编码方式得到比特模式的不同解释，这就是信息的符号化或者数字化表示模式。

A. 符号化　　B. 计算化　　C. 自动化　　D. 模式化

二、填空题

1. ______是分析和设计逻辑电路的基本数学工具。

2. ______是有具体意义且能够判断真假的陈述句。这种判断只有两种可能，一种是正确的判断，一种是错误的判断。

3. 计算机硬件最基本的单元是“与”门、“或”门和“非”门，它们用来组合成各种______功能的部件。

4. 用______实现逻辑门电路中，主要用到了三极管的开关特性和二极管的单向导通特性。

5. 计算机存储器记忆信息的基本单位是______，记为 B。

6. 扩展名是.png 的图像格式是一种能存储 32 位信息的______文件格式，其图像质量远胜过.gif 文件。

7. ______也称作向量图，简单地说就是缩放不失真的图像格式。常用的文件格式有.ps、.swf、.eps、.dxf 等。

8. 图像的数字化过程主要分采样、量化与______3 个步骤。

9. ______越高，得到的图像样本越逼真，图像的质量越高，但要求的存储量也越大。

10. Ulead GIF Animator 软件不但可以把一系列图片保存为______动画格式，还能产生 20 多种 2D 或 3D 的动态效果，满足用户制作网页动画的要求。

11. 多媒体专用芯片有两种类型：固定功能的芯片和可编程的数字信号处理器（digital signal processing，DSP）芯片。______芯片在音调调控、失真效果器、混响等领域表现突出。

12. ______是指位图中的每个像素点记录颜色的位数（bit）。

参考答案

一、选择题

1～5. DDACD　　6～10. BACCB　　11～15. CBACB
16～20. CBCAB　　21～25. BBBAD　　26～30. ABACA

二、填空题

1. 逻辑代数　　2. 命题　　3. 逻辑　　4. 晶体管
5. 字节　　6. 位图　　7. 矢量图　　8. 编码
9. 采样频率　　10. GIF　　11. DSP　　12. 图像深度

2.3　可计算问题求解习题

一、选择题

1. 计算学科的问题无非就是计算问题，从大的方面来说，分为可计算问题与不可计算问题。可计算问题是指存在（　　）可解的问题。

A. 抽象　　B. 算法　　C. 建模　　D. 数据结构

2. 当求解问题的复杂度是（　　）的时候，计算机的处理速度（即使考虑摩尔定律）永远赶不上问题复杂度的增加速度。即使复杂度是 n^2 的常数倍，情况也未必好转。

A. 常数　　B. 对数级　　C. 常数倍　　D. 指数级

3. 并发控制问题本质上是计算机的（　　）问题。

A. 硬件　　B. 软件　　C. 资源管理　　D. 文件管理

4. 计算机智能问题是计算机领域的热点研究问题，也是计算机（　　）的一个重要发展方向。

A. 微型化　　B. 巨型化　　C. 自动化　　D. 智能化

5. （　　）是计算科学的根本目的，既可以用计算机来求解数据处理、数值分析等问题，也可以求解化学、物理学、心理学等各学科所提出的问题。

A. 问题求解　　B. 数据分析　　C. 数据处理　　D. 人工智能

6. 在计算机问题求解中，下列叙述正确的是（　　）。

A. 计算机问题求解主要适用于自然系统，社会系统无法建模

B. 在计算机问题求解中，计算机通过执行求解算法从而得到问题的解

C. 利用计算机进行问题求解，就是用机器代替人，属于计算机的人工智能应用

D. 计算机进行问题求解时把问题分成了数据和算法两个方面

7. 下列方法不属于问题分析的是（　　）。

A. 提出假设　　B. 问题归约　　C. 问题抽象　　D. 形式化描述

8. 关于抽象，下列说法正确的是（　　）。

A. 抽象是对本质特征的抽象，本质特征是确定的，因此抽象是唯一的

B. 抽象是一种重要的思维方法

C. 抽象是产生概念，认识万千世界的工具，对事物进行抽象具有特定的模式

D. 抽象就是把那些空洞不易捉摸的事物，描述成具体的事物

9. 对事物进行抽象没有一个固定的模式，下列方法不属于抽象所采用的方法是（　　）。

A. 简略　　B. 提纯　　C. 假设　　D. 分离

10. 关于数学模型和数学建模，下列说法正确的是（　　）。

A. 数学建模包括模型准备、模型假设和模型建立 3 个基本步骤

B. 数学模型是对实际问题的数学抽象，是用数学符号、数学公式等对实际问题本质属性的抽象而又简洁的刻画

C. 数学模型是研究和掌握系统运动规律的有力工具，可以对实际问题进行分析、预测和求解

D. 数学模型是问题求解的逻辑模型，与时间变量无关

11. 数据的存储结构是指（　　）。

A. 存储在外存中的数据

B. 数据所占的存储空间量

C. 数据在计算机中的顺序存储方式

D. 数据的逻辑结构在计算机中的表示

12. 下列关于栈的描述中错误的是（　　）。

A. 栈是先进后出的线性表

B. 栈只能顺序存储

C. 栈具有记忆作用

D. 对栈的插入与删除操作中，不需要改变栈底指针

13. 对于长度为 n 的线性表，在最坏的情况下，下列各排序法所对应的比较次数中正确的是（　　）。

A. 冒泡排序为 $n/2$　　B. 冒泡排序为 n

C. 快速排序为 n　　D. 快速排序为 $n(n-1)/2$

14. 对于长度为 n 的线性表进行顺序查找，在最坏情况下所需要的比较次数为（　　）。

A. $\mathrm{lb}n$　　B. $n/2$　　C. n　　D. $n+1$

15. 下列对于线性链表的描述中正确的是（　　）。

A. 存储空间不一定是连续的，且各元素的存储顺序是任意的

B. 存储空间不一定是连续的，且前件元素一定存储在后件元素的前面

C. 存储空间必须是连续的，且前件元素一定存储在后件元素的前面

D. 存储空间必须是连续的，且各元素的存储顺序是任意的

16. 下列数据结构中，能用二分法进行查找的是（　　）。

A. 顺序存储的有序线性表　　B. 线性链表

C. 二叉链表　　D. 有序线性链表

17. 下列关于栈的描述正确的是（　　）。

A. 在栈中只能插入元素而不能删除元素

B. 在栈中只能删除元素而不能插入元素

C. 栈是特殊的线性表，只能在一端插入或删除元素

D. 栈是特殊的线性表，只能在一端插入元素，而在另一端删除元素

18. 下列叙述中正确的是（　　）。

A. 一个逻辑数据结构只能有一种存储结构

B. 数据的逻辑结构属于线性结构，存储结构属于非线性结构

C. 一个逻辑数据结构可以有多种存储结构，且各种存储结构不影响数据处理的效率

D. 一个逻辑数据结构可以有多种存储结构，且各种存储结构影响数据处理的效率

19. 关于递推法和递归算法，下列说法不正确的是（　　）。

A. 递归算法是一种问题规模的递推，属于一种编程技术

B. 递推法比递归算法效率更高

C. 递推法是一种根据递推关系来一步步递推求解的问题求解策略

D. 递归算法的程序更加简洁，时间效率更高

20. 下列叙述中正确的是（　　）。

A. 线性链表是线性表的链式存储结构

B. 栈与队列是非线性结构

C. 双向链表是非线性结构

D. 只有根结点的二叉树是线性结构

21. 下列叙述中正确的是（　　）。

A. 一个算法的空间复杂度大，则其时间复杂度也必定大

B. 一个算法的空间复杂度大，则其时间复杂度必定小

C. 一个算法的时间复杂度大，则其空间可复杂度必定小

D. 上述 3 种说法都不正确

22. 在长度为 64 的有序线性表中进行顺序查找，最坏情况下需要比较的次数为（　　）。

A. 63　　B. 64　　C. 6　　D. 7

23. 对下图的二叉树进行后序遍历的结果为（　　）。

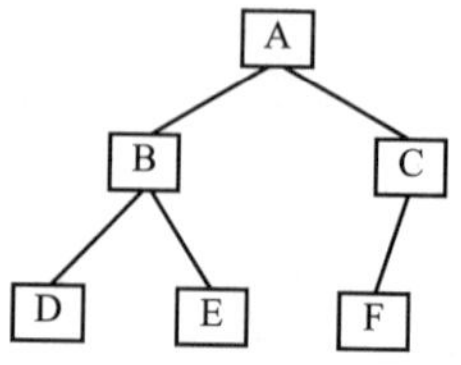

A
B C
D E F

A. ABCDEF　　B. DBEAFC　　C. ABDECF　　D. DEBFCA

24. 在深度为 7 的满二叉树中，叶子结点的个数为（　　）。

A. 32　　B. 31　　C. 64　　D. 63

25. 栈和队列的共同特点是（　　）。

A. 都是先进先出　　B. 都是先进后出

C. 只允许在端点处插入和删除元素　　D. 没有共同点

26. 已知二叉树后序遍历序列是 dabec，中序遍历序列是 debac，它的前序遍历序列是（　　）。

A. acbed　　B. decab　　C. deabc　　D. cedba

27. 链表不具有的特点是（　　）。

A. 不必事先估计存储空间　　B. 可随机访问任一元素

C. 插入删除不需要移动元素　　D. 所需空间与线性表长度成正比

28. 算法的时间复杂度是指（　　）。

A. 执行算法程序所需要的时间

B. 算法程序的长度

C. 算法执行过程中所需要的基本运算次数

D. 算法程序中的指令条数

29. 用链表表示线性表的优点是（　　）。

A. 便于随机存取

B. 花费的存储空间较顺序存储少

C. 便于插入和删除操作

D. 数据元素的物理顺序与逻辑顺序相同

30. 数据结构中，与所使用的计算机无关的是数据的（　　）。

A. 存储结构　　B. 物理结构　　C. 逻辑结构　　D. 物理和存储结构

31. 在深度为 5 的满二叉树中，叶子结点的个数为（　　）。

A. 32　　B. 31　　C. 16　　D. 15

32. 若某二叉树的前序遍历访问顺序是 abdgcefh，中序遍历访问顺序是 dgbaechf，则其后序遍历的结点访问顺序是（　　）。

A. bdgcefha　　B. gdbecfha　　C. bdgaechf　　D. gdbehfca

33. 一些程序设计语言（如 C 语言）允许过程的递归调用，而实现递归调用中的存储分配通常用（　　）。

A. 栈　　B. 堆　　C. 数组　　D. 链表

34. 假设线性表的长度为 n，则在最坏情况下，冒泡排序需要的比较次数为（　　）。

A. lb$n$　　B. n^2　　C. $O(n^{1.5})$　　D. $n(n-1)/2$

35. 主妇将盐倒入盐灌，后放入的盐先使用，采用了数据结构的（　　）策略。

A. 队列的“先进先出”　　B. 二叉树的遍历

C. 栈的“后进先出”　　D. 图的遍历

36. 在火车站，旅客将物品放入三品检查仪中，检查仪采用了数据结构的（　　）策略。

A. 队列的“先进先出”　　B. 二叉树的遍历

C. 栈的“后进先出” D. 图的遍历

37. 某二叉树共有 7 个结点，其中叶子结点只有 1 个，则该二叉树的深度为（ ）（假设根结点在第 1 层）。

A. 3 B. 4 C. 6 D. 7

38. 在计算机中，算法是指（ ）。

A. 加工方法 B. 解题方案的准确而完整的描述
C. 排序方法 D. 查询方法

39. 使用折半查找，查询 1～1000 中的任意一个数，最坏的查找次数是（ ）次。

A. 8 B. 9 C. 10 D. 11

40. 历史上第 1 个算法是（ ）算法，用于求解两个正整数的最大公约数。

A. 圆周率 B. 杨辉 C. 欧几里得 D. 国王的婚姻

41. 关于查找和排序，下列叙述正确的是（ ）。

A. 排序可以有效提高查找效率 B. 冒泡排序属于选择排序
C. 排序只能对数字进行 D. 对任意序列均可进行折半查找

42. 关于算法和程序，下列叙述正确的是（ ）。

A. 算法是指问题求解的方法及求解过程的描述，程序是算法的具体实现
B. 程序由算法决定，与数据结构无关
C. 同一个算法对应的程序是唯一的
D. 算法一定是深奥的，包含了复杂的数学知识

43. 关于哥尼斯堡七桥问题，下列叙述不正确的是（ ）。

A. 欧拉将哥尼斯堡七桥问题抽象成了一个图的问题
B. 欧拉在解答哥尼斯堡七桥问题的同时，开创了一个新的数学分支——图论
C. 欧拉将七桥问题归结为了一个图形形式的“一笔画”问题
D. 哥尼斯堡七桥问题是由大数学家欧拉提出的

44. 在算法设计中，涉及了用户、分析师、设计师和程序员多种角色，下列说法不正确的是（ ）。

A. 设计师和程序员之间采用伪代码工具描述算法
B. 用户和分析师常采用流程图工具描述算法，沟通思想
C. 在算法描述中，自然语言、流程图和伪代码不能混合使用
D. 自然语言通常用于描述算法大的求解思路

45. 关于数据结构，下列说法正确的是（ ）。

A. 数据的存储结构需要存储数据本身和数据之间的关系
B. 如果数据之间的关系任意，则无法用数据结构来抽象
C. 存储数据的关系都需要额外的内存空间
D. 数据结构是结构之间关系的归纳、总结和抽象

二、填空题

1. ______是一种重要的方法，它是产生概念，认识万千世界的工具。
2. ______是人们为寻求问题答案而进行的一系列思维活动。

3. ______是对问题进行归纳和简化，从而把一个复杂问题转换为相对简单的问题。

4. 根据心理学的研究结果，问题求解策略分为算法式和启发式两大类，按照逻辑来求解问题的策略称______。

5. 算法复杂度主要包括时间复杂度和______复杂度。

6. 百钱买百鸡问题是______的一个典型案例，意思是公鸡每只 5 元、母鸡每只 3 元、小鸡 3 只 1 元，用 100 元钱买 100 只鸡，求公鸡、母鸡和小鸡的只数。

7. ______是一种选优搜索法，按选优条件向前搜索，以达到目标。在搜索过程中，能进则进，不能进则退回来，换一条路再试，通过此种方式提高搜索效率，减少不必要的测试。

8. ______就是直接或间接地调用自身的算法。

9. ______又称贪婪算法，是指在对问题求解时，总是做出在当前看来是最好的选择。

10. 在求解复杂问题时，把一个复杂的问题分成若干个相对独立的规模较小的子问题进行求解的问题求解方法称为______。

11. 某二叉树中度为 2 的结点有 18 个，则该二叉树中有______个叶子结点。

12. 一棵二叉树第 6 层（根结点为第 1 层）的结点数最多为______个。

13. 数据结构分为逻辑结构和存储结构，循环队列属于______结构。

14. 对长度为 10 的线性表进行冒泡排序，最坏情况下需要比较的次数为______。

15. 按“先进先出”原则组织数据的数据结构是______。

16. 数据结构分为线性结构和非线性结构，带链的队列属于______结构。

17. 数据结构中，与所使用的计算机无关的是数据的______。

18. 数据结构的存储结构，不仅要存储数据本身，还需要存储______。

19. 一种逻辑关系可以有多种存储结构，如在教室里是师生关系，下课后老师回家、学生回寝，也就是说存储结构改变了，但他们师生的______没有改变。

20. 足球世界杯预选赛分成 5 大区，即使用了______。

参考答案

一、选择题

1～5. DBDCA　　6～10. ACDBA　　11～15. DBDCA　　16～20. ACDDA
21～25. DBDCC　　26～30. DBCCC　　31～35. CDADC　　36～40. ADBCC
41～45. AADCA

二、填空题

1. 抽象　　2. 问题求解　　3. 问题归约　　4. 算法式
5. 空间　　6. 穷举法　　7. 回溯法　　8. 递归
9. 贪心算法　　10. 分治法　　11. 19　　12. 32
13. 存储（或物理）　　14. 45　　15. 队列
16. 线性　　17. 逻辑结构　　18. 数据之间的关系
19. 逻辑结构　　20. 分治法

2.4 计算机科学中的系统与设计习题

一、选择题

1. 一个大的系统往往是复杂的，通常将系统划分为一系列较小的系统，这些较小的系统称为（　　）。

A. 子系统　　B. 模块　　C. 分类　　D. 层次

2. （　　）是指系统的那些可以观察和识别的形态特征，是系统科学中的基本概念之一。

A. 演化　　B. 状态　　C. 行为　　D. 功能

3. 层次是系统论的重要概念，是表征系统（　　）不同等级的范畴，也是结构分析的主要方式。

A. 环境　　B. 外部结构　　C. 内部结构　　D. 功能

4. 系统的（　　）是指系统行为所引起、有利于环境中某些事物乃至整个环境存在与发展的作用。

A. 过程　　B. 演化　　C. 行为　　D. 功能

5. 数学同构的特征不包括（　　）。

A. 元素基数相同　　B. 能建立多对多关系

C. 系统运算的定义相同　　D. 元素可相互替换

6. 下列有关系统同构的说法不正确的是（　　）。

A. 系统同构是指不同系统数学模型之间存在的数学同构

B. 系统同构是数学同构概念的拓展

C. 系统同构可以用于模型简化，不能用于划分等价类

D. 布尔代数与数字逻辑电路同构

7. 下列有关复杂性的说法不正确的是（　　）。

A. 根据信息论的观点，复杂度可以定义为 K=log$N$

B. 若两个系统各自有 M 个和 N 个可能状态，组合系统的复杂度为 K=logMN

C. 从可操作性的角度来看，复杂性可以定义为寻找最小的程序或指令集来描述给定“结构”，即数字序列

D. 若用比特计算，最小程序的大小相对于数字序列的大小就是其复杂性的度量

8. 在周以真倡导的计算思维中，用来控制和降低软件系统复杂性的概念是（　　）。

A. 计算　　B. 分层抽象　　C. 自动化　　D. 设计

9. 不同系统间同态关系具有自反性和传递性，但不具有（　　）。

A. 对称性　　B. 相似性　　C. 传导性　　D. 差异性

10. 系统科学方法重点要解决（　　）问题。

A. 复杂性　　B. 计算　　C. 结构性　　D. 功能性

11. 阿姆达尔定律同源于木桶原理，如决定一个团队效率高低的是（　　）的人。

A. 效率最低　　B. 效率最高　　C. 经验最多　　D. 具有领导能力

12. 冯·诺依曼提出了 3 个重要设计思想，不包括（　　）。
    A. 采用二进制形式表示计算机的指令和数据
    B. “存储程序”原理
    C. 计算机由 5 个基本部分组成：运算器、控制器、存储器、输入设备和输出设备
    D. 计算机由硬件系统和软件系统组成
13. （　　）是人工智能哲学方面第一个严肃的提案。
    A. 冯·诺依曼机　B. 图灵测试　C. 图灵机　D. 神经网络
14. 有关图灵机的说法正确的是（　　）。
    A. “图灵机”完全忽略硬件状态
    B. “图灵机”考虑的焦点是逻辑结构
    C. 图灵机由三部分组成：控制器、读写头、一条可以无限延伸的带子
    D. 以上说法都正确
15. 以下说法错误的是（　　）。
    A. 微型计算机主机系统包括主板、微处理器、存储器系统、输入及输出接口等
    B. 单纯的微处理器和单纯的微型计算机都能独立工作
    C. 微型计算机系统是完整的信息处理系统
    D. 微处理器是微型计算机的核心部件
16. 在微型计算机中，微处理器的主要功能是（　　）。
    A. 算术运算　B. 逻辑运算
    C. 算术逻辑运算　D. 算术逻辑运算及全机的控制
17. 微型计算机中运算器的主要功能是（　　）。
    A. 控制计算机运行　B. 算术运算和逻辑运算
    C. 分析指令并执行　D. 存取存储器中的数据
18. 完成将计算机外部信息送入计算机这一任务的设备是（　　）。
    A. 输入设备　B. 输出设备　C. 软盘　D. 电源线
19. 计算机向用户传递计算处理结果的设备称为（　　）。
    A. 输入设备　B. 输出设备　C. 存储器　D. 微处理器
20. 以下是输入设备的是（　　）。
    A. 触摸屏　B. 绘图仪　C. 显示器　D. 打印机
21. 计算机的硬件系统包含的五大部件是（　　）。
    A. 键盘、鼠标、显示器、打印机、存储器
    B. 中央处理器、随机存储器、磁带、输入设备、输出设备
    C. 运算器、存储器、输入设备、输出设备、电源设备
    D. 运算器、控制器、存储器、输入设备、输出设备
22. 现代计算机的工作原理是基于（　　）提出的存储程序原理。
    A. 艾兰·图灵　B. 牛顿　C. 冯·诺依曼　D. 巴贝奇
23. 一个完整的计算机系统应包括（　　）。
    A. 硬件系统和软件系统　B. 主机和外部设备

C. 运算器、控制器和存储器　　D. 主机和实用程序

24. 下列存储设备中，断电后存储的信息会丢失的是（　　）。

A. ROM　　B. RAM　　C. 硬盘　　D. 软盘

25. 在内存中，每个基本单位都被赋予一个唯一的序号，这个序号称为（　　）。

A. 字节　　B. 编号　　C. 地址　　D. 容量

26. 计算机的内存储器比外存储器（　　）。

A. 成本低　　B. 存取速度快　　C. 存储信息多　　D. 存取速度慢

27. 总线是计算机内部传输指令、数据和各种控制信息的高速通道，其目的是为了让数据传输率与（　　）的速度相匹配。

A. 内存　　B. 外存　　C. CPU　　D. 显示器

28. I/O 接口是 CPU 与（　　）之间交换信息的连接电路。

A. 内存　　B. BIOS　　C. 外设　　D. 总线

29.（　　）接口主要用来连接多种即插即用的外部设备。

A. IDE　　B. EIDE　　C. USB　　D. SCSI

30. 下列设备中，属于输入设备的是（　　）。

A. 鼠标　　B. 显示器　　C. 打印机　　D. 绘图仪

31. CPU 的中文含义是（　　）。

A. 中央处理器　　B. 外存储器　　C. 微机系统　　D. 微处理器

32. CPU 包括（　　）。

A. 控制器、运算器和内存储器　　B. 控制器和运算器

C. 内存储器和控制器　　D. 内存储器和运算器

33. 高速缓冲存储器是（　　）。

A. SRAM　　B. DRAM　　C. ROM　　D. Cache

34. 计算机硬件中，没有（　　）。

A. 控制器　　B. 存储器　　C. 输入/输出设备　D. 文件夹

35. 有关主板的说法错误的是（　　）。

A. 主板是位于主机箱内的一块大型多层印制电路板

B. 主板提供常用外部设备的通用接口

C. 主板的主要功能是提供安装 CPU、内存条和各种功能卡的插槽

D. CPU 是主板的灵魂

36.（　　）相当于专用于图像处理的 CPU，正因为它专，所以它强，在处理图像时其工作效率远高于 CPU。

A. GPU　　B. APU　　C. TPU　　D. CUDA

37. 对存储系统的分类说法错误的是（　　）。

A. 存储器分为主存储器和内存储器

B. 存储器分为辅助存储器或外存储器

C. 主存可以分为随机访问存储器和只读存储器

D. 存储器分为高速缓存和 Cache 存储系统

38. 下列不属于接口的是（　　）。

A. CPU插槽　　B. PCI插槽　　C. Wi-Fi插槽　　D. USB

39. (　　) 是为完成一个处理任务而设计的一系列指令的有序集合。

A. 程序　　B. 语句　　C. 指令　　D. 进程

40. 有关计算机软件的说法错误的是(　　)。

A. 根据软件的用途可分为操作系统和应用软件

B. 计算机软件是指计算机系统中的程序及文档

C. 软件是用户与硬件之间的接口界面

D. 软件是由程序、数据及相关文档组成的

41. 下列说法错误的是(　　)。

A. 系统软件控制和协调计算机及外部设备，支持应用软件的开发和运行

B. 操作系统是最顶层的软件，控制所有运行的程序

C. 操作系统的一个重要任务是给系统中的各个进程合理分配各种资源

D. 操作系统是计算机裸机与应用程序及用户之间的桥梁

42. 以下有关操作系统的叙述中，(　　) 是不正确的。

A. 操作系统管理系统中的各种资源

B. 操作系统为用户提供良好的界面

C. 操作系统是资源的管理者和仲裁者

D. 操作系统是计算机系统中的一个应用软件

43. 操作系统所占用的系统资源和所需的处理器时间称为(　　)。

A. 资源利用率　　B. 系统性能　　C. 系统吞吐率　　D. 系统开销

44. 用户与操作系统打交道的手段称为(　　)。

A. 命令输入　　B. 广义指令　　C. 通信　　D. 用户接口

45. 操作系统的作用是(　　)。

A. 把源程序译为目标程序　　B. 便于进行目标管理

C. 控制和管理系统资源的使用　　D. 实现软硬件的转换

46. 系统出现死锁的原因是(　　)。

A. 计算机系统发生了重大故障

B. 有多个等待的进程存在

C. 若干个进程因竞争资源而无休止地等待着其他进程释放占用的资源

D. 进程同时申请的资源数大大超过资源总数

47. 死锁时，若没有系统的干预，则死锁(　　)。

A. 涉及的各个进程都将永久处于等待状态

B. 涉及的单个进程处于等待状态

C. 涉及的两个进程处于等待状态

D. 涉及的进程暂时处于等待状态

48. 下列说法错误的是(　　)。

A. “编译”是将源程序译成机器语言程序的程序

B. 汇编程序是负责将这些符号翻译成二进制数的机器语言

C. 汇编语言不依赖于计算机硬件，移植性好

D. 目标程序是源程序经编译后可直接运行的机器码集合

49. 有关高级语言的叙述错误的是（　　）。

A. 高级语言的发展经历了从早期语言到结构化程序设计语言

B. 高级语言的发展经历了从面向过程到非过程化程序语言

C. 高级语言编译程序到机器语言进行编译时具有的一一对应性

D. 高级语言编译程序具有机器无关性

50. （　　）以图形的方式描绘数据在系统中流动和处理的过程，它只反映系统必须完成的逻辑功能。

A. 命令输入　B. 广义指令　C. 通信　D. 用户接口

51. 面向对象技术的主要优点不包括（　　）。

A. 可重用性好　B. 可维护性好　C. 模块化　D. 表示方法一致性好

52. 以下说法正确的是（　　）。

A. 一个程序可以包含多个进程

B. 进程是一组静态的指示

C. 程序是进程的一次执行过程

D. 程序是系统进行资源分配和调度的一个独立单位

53. （　　）是多个进程因竞争资源而造成的一种僵局，若无外力干预，这些进程将永远不能继续运行。

A. 死锁　B. 互斥　C. 竞争控制　D. 临界资源

54. 软件生命周期包括软件定义、软件开发和软件维护，代码测试属于（　　）。

A. 软件定义　B. 软件开发　C. 软件维护　D. 软件实现

55. 随着项目成本的投入不断增加，风险逐渐减小的软件生命周期模型是（　　）。

A. 螺旋模型　B. 瀑布模型　C. 增量模型　D. 原型模型

56. 当你的用户没有信息系统的使用经验，你的系统分析员也没有过多的需求分析和挖掘经验时，可采用（　　）模型。

A. 原型　B. 敏捷　C. 螺旋　D. 瀑布

57. 软件测试的目的是尽可能多地发现程序中的错误，（　　）一定不参与测试工作。

A. 用户　B. 算法设计人员

C. 编程人员　D. 项目管理者

58. 下列叙述中正确的是（　　）。

A. 软件交付使用后还需要进行维护

B. 软件一旦交付使用就不需要再进行维护

C. 软件交付使用后其生命周期就结束

D. 软件维护是指修复程序中被破坏的指令

59. 下列选项中不属于软件生命周期开发阶段任务的是（　　）。

A. 软件测试　B. 概要设计　C. 软件维护　D. 详细设计

60. 软件生命周期中所花费用最多的阶段是（　　）。

A. 详细设计　B. 软件编码　C. 软件测试　D. 软件维护

61. 不是面向对象思想中的主要特征的是（　　）。

A. 多态　B. 继承　C. 封装　D. 模块

62. （　）是互联网络的枢纽，它会根据信道的情况自动选择和设定路由，以最佳路径，按前后顺序发送信号。

A. 路由器　B. 网卡　C. 交换机　D. 网关

63. 软件安全性与软件可靠性的关系描述正确的是（　）。

A. 软件存在错误，偏离需求，后果不严重，软件不可靠但安全

B. 软件存在错误，偏离需求，后果很严重，软件不可靠不安全

C. 软件不存在错误，未偏离需求，后果很严重，软件可靠不安全

D. 以上都正确

64. 对于现实世界中事物的特征，在实体-联系模型中使用（　）。

A. 属性描述　B. 关键字描述　C. 二维表描述　D. 实体描述

65. 把实体-联系模型转换为关系模型时，实体之间多对多联系在关系模型中通过（　）。

A. 建立新的属性来实现　B. 建立新的关键字来实现

C. 建立新的关系来实现　D. 建立新的实体来实现

66. 专门的关系运算不包括下列中的（　）。

A. 连接运算　B. 选择运算　C. 投影运算　D. 交运算

67. 对关系 S 和关系 R 进行集合运算，结果中既包含 S 中元组也包含 R 中元组，这种集合运算称为（　）。

A. 并运算　B. 交运算　C. 差运算　D. 积运算

68. 用树形结构表示实体之间联系的模型是（　）。

A. 关系模型　B. 网络模型　C. 层次模型　D. 以上 3 个都是

69. 数据库系统的核心是（　）。

A. 数据模型　B. DBMS　C. 数据库　D. 数据库管理员

70. 在数据库系统中，用户所见的数据模式为（　）。

A. 概念模式　B. 外模式　C. 内模式　D. 物理模式

71. 在 E-R 图中，用来表示实体的图形是（　）。

A. 矩形　B. 椭圆形　C. 菱形　D. 三角形

72. 下列有关数据库的描述，正确的是（　）。

A. 数据处理是将信息转化为数据的过程

B. 数据的物理独立性是指当数据的逻辑结构改变时，数据的存储结构不变

C. 关系中的每一列称为元组，一个元组就是一个字段

D. 如果一个关系中的属性或属性组合并非该关系的关键字，但它是另一个关系的关键字，则称其为本关系的外关键字

73. 下列有关数据库的描述，正确的是（　）。

A. 数据库是一个 DBF 文件　B. 数据库是一个关系

C. 数据库是一个结构化的数据集合　D. 数据库是一组文件

74. 关系运算中花费时间可能最长的运算是（　）。

A. 选择　B. 连接　C. 并　D. 笛卡儿积

75. 有了模式/内模式映像，可以保证数据和应用程序之间（　　）。
A. 逻辑独立性　B. 物理独立性　C. 数据一致性　D. 数据安全性
76. 数据独立性是指（　　）。
A. 数据依赖程序　B. 数据库系统
C. 数据库管理系统　D. 数据不依赖程序
77. 从计算机软件系统的构成看，DBMS 是建立在（　　）之上的软件系统。
A. 硬件系统　B. 操作系统　C. 语言处理系统　D. 编译系统
78. 在数据库技术中，实体-联系模型是一种（　　）。
A. 概念数据模型　B. 结构数据模型
C. 物理数据模型　D. 逻辑数据模型
79. 查询“学生 A”比“学生 B”额外多选修课程的操作，应采用（　　）运算。
A. 差　B. 交　C. 并　D. 笛卡儿积
80. 查询学生表中所有学生的姓名和所在学院编号的信息操作，是（　　）运算。
A. 选择　B. 投影　C. 交　D. 并
81. 常见的数据方体分析操作主要有钻取、切片、切块、旋转，其中（　　）改变维度的层次和变换分析的粒度。
A. 钻取　B. 切片　C. 切块　D. 旋转
82. 系统科学方法的一般原则不包括（　　）。
A. 层次化　B. 模型化　C. 动态化　D. 整体性
83. 系统以整体形式存在，还原为部分，便不存在的特性不包括（　　）。
A. 不可分割性　B. 涌现性　C. 不可加和性　D. 整体性
84. 在（　　）中，系统从无序到有序演化是通过随机的涨落来实现的。
A. 开放系统　B. 耗散系统　C. 孤立系统　D. 闭合系统
85. （　　）原则是根据系统模型说明的原因和真实系统提供的依据，提出以模型代替真实系统进行模拟实验，达到认识真实系统特性和规律性的方法。
A. 动态化　B. 层次化　C. 模型化　D. 整体化
86. 树结构、图、代数结构等，属于（　　）模型，是系统定性和定量分析的工具。
A. 数学　B. 逻辑　C. 概念　D. 计算
87. 以下关于系统分层方法的说法错误的是（　　）。
A. 层次从属于结构　B. 系统性质主要由层次决定
C. 层次依赖于结构　D. 结构可以无层次
88. （　　）通过系统目标分析、系统要素分析、系统环境分析、系统资源分析和系统管理分析，诊断问题，揭示问题起因，有效地提出解决方案。
A. 系统分析法　B. 层次划分　C. 功能模拟法　D. 有控自组方法
89. 信息和“熵”密切相关，一般来说（　　）。
A. 熵越小，信息量越大　B. 熵越大，信息量越大
C. 信息量越小，熵越小　D. 信息量是熵的倍数
90. 关于功能模拟过程的说法正确的是（　　）。
A. 要求系统结构相同且只要求系统的行为和功能相似

B. 研究系统的物质基础、能量状态和内部结构

C. 只通过系统的行为来研究其功能

D. 不考虑系统环境

91. 黑箱方法是指通过研究外部输入黑箱的信息和黑箱输出信息的（　　），来探索黑箱的内部构造和机理的方法。

A. 从属关系　B. 层次关系　C. 变化关系　D. 反馈关系

92. 在计算机领域，黑箱方法主要应用于程序的（　　）阶段。

A. 定义　B. 设计　C. 开发　D. 测试

93. 因果反馈法坚持的 3 个方法论不包括（　　）。

A. 自组织方法　B. 目的型方法　C. 放大型方法　D. 稳定型方法

94. 实行自组织控制要不断测量系统的输入和输出，积累经验，深入研究，以求在低成本的情况下，使组织结构与（　　）相适应。

A. 原定策略　B. 环境变化　C. 预定参数　D. 管理系统

95.（　　）是指人们为系统达到目标而力图费力最小，路径最短，时间最快，亦即投入最小、产出最大，耗费最小、效益最大的思维原则和方法。

A. 系统分析法　B. 因果反馈法　C. 黑箱方法　D. 目标优化方法

96. 在运用目标优化方法解决复杂性问题时，其方法类型不包括（　　）。

A. 分析法　B. 反馈法　C. 价值法　D. 跟踪法

97. 整体优化方法是指从系统的总体出发，运用自然选择或人工技术等手段，从系统多种目标或多种可能的途径中选择最优系统。

A. 自然选择或人工技术　B. 自然选择或计算机技术

C. 机器选择或人工技术　D. 机器选择或计算机技术

98. 系统分析过程中，系统的目的具有（　　），一般选定的目标层次越高，接受和受益的人越多。

A. 层次性　B. 一致性　C. 逻辑性　D. 指向性

99. （　　）通常是指多个要素组成系统后，出现了系统组成前单个要素所不具有的性质。

A. 涌现性　B. 叠加性　C. 分割性　D. 加和性

100. 在计算思维中，系统科学中的结构和层次等思想纳入计算思维的本质抽象之中，用于控制和降低软件的（　　）。

A. 复杂性　B. 叠加性　C. 分割性　D. 加和性

101. MAC 地址的另一个名字是（　　）。

A. 二进制地址　B. 八进制地址

C. 物理地址　D. TCP/IP 地址

102. OSI 参考模型的上 4 层分别为（　　）。

A. 应用层、表示层、会话层和传输层

B. 应用层、会话层、网络层和物理层

C. 物理层、数据链路层、网络层和传输层

D. 物理层、网络层、传输层和应用层

103. 1965 年，科学家提出“超文本”概念，其“超文本”的核心是（　　）。
A. 链接　B. 网络　C. 图像　D. 声音
104. 地址栏里输入的 http://zjhk.school.com 中，zjhk.school.com 是一个（　　）。
A. 域名　B. 文件　C. 邮箱　D. 国家
105. 下列 4 项中表示电子邮件地址的是（　　）。
A. ks@163.com　B. 192.168.0.1　C. www.gov.cn　D. www.cctv.com
106. 网址 www.pku.edu.cn 中的 cn 表示（　　）。
A. 英国　B. 美国　C. 日本　D. 中国
107. 在 Internet 上专门用于传输文件的协议是（　　）。
A. FTP　B. HTTP　C. NEWS　D. Word
108. www.163.com 是指（　　）。
A. 域名　B. 程序语句
C. 电子邮件地址　D. 超文本传输协议
109. Internet 中 URL 的含义是（　　）。
A. 统一资源定位器　B. Internet 协议
C. 简单邮件传输协议　D. 传输控制协议
110. 区分局域网（LAN）和广域网（WAN）的主要依据是（　　）。
A. 网络用户　B. 传输协议　C. 联网设备　D. 联网范围
111. 关于网卡，下列说法错误的是（　　）。
A. 网卡属于链路层设备，同时又具有物理层的功能
B. 网卡是计算机和计算机网络进行通信的接口
C. 有线网卡和无线网卡，只是通信信号不同，但通信原理相同
D. 网卡具有信号放大的功能，与网络的通信采用并行通信
112. 关于 DNS 服务，下列说法正确的是（　　）。
A. DNS 服务的客户就是 Web 浏览器，没有其他客户程序使用 DNS 服务
B. 一个域必须设置自己的 DNS 服务器
C. 一台 DNS 服务器只能记录它所在域中计算机的域名和 IP 地址
D. 在 DNS 层次结构中，除了根域以外的所有 DNS 服务器都必须向它的上层 DNS 服务器注册自己的 DNS 名称和 IP 地址
113. 当前网络中存在的最大信息安全威胁是（　　）。
A. 冒名顶替　B. 恶意攻击　C. 篡改信息　D. 行为否认
114. 下列问题中，关于数字签名，正确的是（　　）。
A. 接收者和发送者的保密通信问题
B. 接收者不能对收到的报文进行篡改，即伪造报文
C. 接收者不能够核实发送者的报文
D. 发送者事后能抵赖曾发出的报文
115. 关于病毒与木马，下列说法正确的是（　　）。
A. 木马是一种以破坏用户信息为主要目的的计算机程序
B. 病毒通常以独立的文件存在，可以进行自我繁殖，或感染其他可执行程序

文件

C. 木马和病毒一样，以破坏计算机系统的正常运行为目的

D. 计算机病毒是在计算机程序中插入的破坏计算机功能或者毁坏数据，影响计算机使用，并能自我复制的一组计算机指令或者程序代码

116. 浏览网页过程中，将鼠标移动到已设置了超链接的区域时，鼠标指针形状一般变为（　　）。

A. 小手形状　B. 双向箭头　C. 禁止图案　D. 下拉箭头

117. 电子邮件地址 stu@163.com 中的 163.com 代表（　　）。

A. 用户名　B. 学校名

C. 学生姓名　D. 邮件服务器名称

118. 计算机网络最突出的特点是（　　）。

A. 资源共享　B. 运算精度高　C. 运算速度快　D. 内存容量大

119. 如果申请了一个免费电子信箱 zjxm@sina.com.cn，则该电子信箱的账号是（　　）。

A. zjxm　B. @sina. com　C. @sina　D. sina. com

120. http 是一种（　　）。

A. 域名　B. 高级语言

C. 服务器名称　D. 超文本传输协议

二、填空题

1. 环境变化符号模型包括概念模型、逻辑模型、数学模型，其中最重要的是______。

2. 根据热力学第二定律，一个______的熵自发地趋于极大，不可能自发地产生新的有序结构。

3. ______是指从外界流入的负熵流足够大，可以抵消系统自身的熵产生，使系统的微熵减少，从而使得系统从无序走向有序。

4. ______是一种“活”的结构，它需要与外界不断进行物质和能量的交换，依靠能量的耗散才能维持其有序状态。

5. 系统科学把“整体”具有而“部分”不具有的东西称为______。

6. ______原则将对象看作有机整体，强调局部与全局、个别与一般、分析与综合的协调，应具备非分割性、非加和性和涌现性。

7. 系统是指由两个以上相互作用、相互影响的元素组成的具有______ 的有机整体。

8. 一项系统工程的分析过程，每个行动环节一次顺利完成的可能性是很小的，需要在______信息的基础上反复进行。

9. 结构化分析方法的基本思想是分解和______。

10. 计算机硬件系统是计算机系统中由电子类、机械类和光电类器件组成的各种计算机部件和设备的总称，包括运算器、控制器、______、输入设备和输出设备。

11. 图灵机的设计思想主要是把人们在______时的动作分解为比较简单的动作。

12. 按照“冯・诺依曼结构”制造的计算机称为______。

13. ______是指不同设备为实现与其他系统或设备连接和通信而具有的对接部分。

14. 按总线传送信息的类别，总线可分为______、数据总线和控制总线。

15. 布鲁克斯指出软件的______，最为困难的是对其概念结构的规格、设计和测试，而不是对概念结构的实现。

16. 程序设计语言的发展，经历了______、汇编语言、高级语言、非过程化语言和智能语言这五代。

17. 诊断和改正程序中错误的工作通常称为______。

18. 当数据的物理存储改变了，应用程序不变，而由 DBMS 处理这种改变，这是指数据的______。

19. 基于流行数据进行建模的降维算法称为______。

20. ______是出现频率大于或等于最小支持度阈值与事务总数的乘积的项集。

21. 在计算机网络术语中，WAN 的中文意义是______。

22. 路由选择是 OSI 模型中______的主要功能。

23. 光纤分成两大类：______和______。

24. 根据 Internet 的域名代码规定，域名中的.com 表示______机构网站，.gov 表示______机构网站，.edu 代表______机构网站。

25. 计算机网络是以______为目的，通过______将多台计算机互联而成的系统。

26. 网络的主要拓扑结构有______、______、______、______和______。

27. 国际标准化组织提出的 7 层网络模型中，从高层到低层依次是应用层、表示层、______、______、______、数据链路层及物理层。

参考答案

一、选择题

1～5. ABCDB　6～10. CBBAA　11～15. ADBDB　16～20. DBABA
21～25. DCABC　26～30. BCCCA　31～35. ABDDD　36～40. ADDAA
41～45. BDDDC　46～50. CACCA　51～55. CBABA　56～60. ACACD
61～65. DADAC　66～70. DACBB　71～75. ADCDB　76～80. DBAAB
81～85. AADBC　86～90. ADAAD　91～95. CDABD　96～100. BAAAA
101～105. CAAAA　106～110. DAAAD　111～115. DD BBD　116～120. ADAAD

二、填空题

1. 数学模型　2. 孤立系统　3. 系统进化　4. 耗散结构
5. 涌现性　6. 整体性　7. 特定功能　8. 反馈
9. 抽象　10. 存储器　11. 计算　12. 通用计算机
13. 接口　14. 地址总线　15. 复杂性　16. 机器语言
17. 调试　18. 物理独立性　19. 流行学习　20. 频繁项集
21. 广域网　22. 网络层　23. 单模光纤、多模光纤
24. 商业、政府、教育　25. 资源共享、传输介质
26. 总线型、星形、环形、树形、网状
27. 会话层、传输层、网络层

2.5 全国计算机等级考试（二级MS Office高级应用）习题

一、选择题——Office 2010办公自动化软件

1. 以下不属于Word文档视图的是（　　）。

A．Web版式视图　　B．阅读版式视图　　C．大纲视图　　D．放映视图

2. 在Word文档中，不可直接操作的是（　　）。

A．屏幕截图　　B．插入Excel图表

C．插入SmartArt　　D．录制屏幕操作视频

3. 下列文件扩展名，不属于Word模板文件的是（　　）。

A．.DOT　　B．.DOTM　　C．.DOCX　　D．.DOTX

4. 在Word功能区中，拥有的选项卡分别是（　　）。

A．开始、插入、编辑、页面布局、选项、帮助等

B．开始、插入、页面布局、引用、邮件、审阅等

C．开始、插入、编辑、页面布局、选项、邮件等

D．开始、插入、编辑、页面布局、引用、邮件等

5. 在Word中，邮件合并功能支持的数据源不包括（　　）。

A．Word数据源　　B．PowerPoint演示文稿

C．HTML文件　　D．Excel工作表

6. 在Word文档中，选择从某一段落开始位置到文档末尾的全部内容，最优的操作方法是（　　）。

A．将指针移动到该段落的开始位置，按住Shift键，单击文档的结束位置

B．将指针移动到该段落的开始位置，按Alt+Ctrl+Shift+PageDown组合键

C．将指针移动到该段落的开始位置，按Ctrl+Shift+End组合键

D．将指针移动到该段落的开始位置，按Ctrl+A组合键

7. 在Word文档编辑过程中，如需将特定的计算机应用程序窗口画面作为文档的插图，最优的操作方法是（　　）。

A．利用Word插入“屏幕截图”功能，直接将所需窗口画面插入Word文档指定位置

B．在计算机系统中安装截屏工具软件，利用该软件实现屏幕画面的截取

C．使所需画面窗口处于活动状态，按下PrintScreen键，再粘贴到Word文档指定位置

D．使所需画面窗口处于活动状态，按下Alt+PrintScreen组合键，再粘贴到Word文档指定位置

8. 在Word文档中，学生“张小民”的名字被多次错误地输入为“张晓明”“张晓敏”“张晓民”“张晓名”，纠正该错误的最优操作方法是（　　）。

A．利用Word“查找”功能搜索文本“张晓”，并逐一更正

B．从前往后逐个查找错误的名字，并更正

C．利用 Word“查找和替换”功能搜索文本“张晓?”，并将其全部替换为“张小民”

D．利用 Word“查找和替换”功能搜索文本“张晓*”，并将其全部替换为“张小民”

9. 小明需要将 Word 文档内容以稿纸格式输出，最优的操作方法是（　　）。

A．适当调整文档内容的字号，然后将其直接打印到稿纸上

B．利用 Word“文档网格”功能即可

C．利用 Word“稿纸设置”功能即可

D．利用 Word“表格”功能绘制稿纸，然后将文字内容复制到表格中

10. 某 Word 文档中有一个 5 行×4 列的表格，如果要将另外一个文本文件中的 5 行文字复制到该表格中，并且使其正好成为该表格一列的内容，最优的操作方法是（　　）。

A．在文本文件中选中这 5 行文字，复制到剪贴板；然后回到 Word 文档中，将光标置于指定列的第一个单元格，将剪贴板内容粘贴过来

B．在文本文件中选中这 5 行文字，复制到剪贴板，然后回到 Word 文档中，选中该表格，将剪贴板内容粘贴过来

C．将文本文件中的 5 行文字，一行一行地复制、粘贴到 Word 文档表格对应列的 5 个单元格中

D．在文本文件中选中这 5 行文字，复制到剪贴板，然后回到 Word 文档中，选中对应列的 5 个单元格，将剪贴板内容粘贴过来

11. 张经理在对 Word 文档格式的工作报告修改的过程中，希望在原始文档上显示其修改的内容和状态，最优的操作方法是（　　）。

A．利用“插入”选项卡的修订标记功能，为文档中每一处需要修改的地方插入修订符号，然后在文档中直接修改内容

B．利用“插入”选项卡的文本功能，为文档中的每一处需要修改的地方添加文档部件，将自己的意见写到文档部件中

C．利用“审阅”选项卡的修订功能，选择带“显示标记”的文档修订查看方式后，单击“修订”按钮，然后在文档中直接修改内容

D．利用“审阅”选项卡的批注功能，为文档中每一处需要修改的地方添加批注，将自己的意见写到批注框里

12. 小华利用 Word 编辑一份书稿，出版社要求目录和正文的页码分别采用不同的格式，且均从第 1 页开始，最优的操作方法是（　　）。

A．在目录与正文之间插入分页符，在分页符前后设置不同的页码

B．在目录与正文之间插入分节符，在不同的节中设置不同的页码

C．将目录和正文分别存在两个文档中，分别设置页码

D．在 Word 中不设置页码，将其转换为 PDF 格式时再增加页码

13. 小明的毕业论文分别请两位老师进行了审阅。每位老师通过 Word 的修订功能对该论文进行了修改。现在，小明需要将两份经过修订的文档合并为一份，最优的操作方法是（　　）。

A．利用 Word 比较功能，将两位老师的修订合并到一个文档中

B. 将修订较少的那部分舍弃，只保留修订较多的那份论文作为终稿

C. 请一位老师在另一位老师修订后的文档中再进行一次修订

D. 小明可以在一份修订较多的文档中，将另一份修订较少的文档修改内容手动对照补充进去

14. 在 Word 文档中有一个占用 3 页篇幅的表格，如需将这个表格的标题行都出现在各页面首行，最优的操作方法是（　　）。

A. 将表格的标题行复制到另外 2 页中

B. 利用“重复标题行”功能

C. 打开“表格属性”对话框，在列属性中进行设置

D. 打开“表格属性”对话框，在行属性中进行设置

15. 在 Word 文档中包含了文档目录，将文档目录转变为纯文本格式的最优操作方法是（　　）。

A. 复制文档目录，然后通过选择性粘贴功能以纯文本方式显示

B. 使用 Ctrl+Shift+F9 组合键

C. 文档目录本身就是纯文本格式，不需要再进行进一步操作

D. 在文档目录上单击鼠标右键，然后执行“转换”命令

16. 小张完成了毕业论文，现需要在正文前添加论文目录以便检索和阅读，最优的操作方法是（　　）。

A. 不使用内置标题样式，而是直接基于自定义样式创建目录

B. 直接输入作为目录的标题文字和相对应的页码创建目录

C. 利用 Word 提供的“手动目录”功能创建目录

D. 将文档的各级标题设置为内置标题样式，然后基于内置标题样式自动插入目录

17. 小王计划邀请 30 家客户参加答谢会，并为客户发送邀请函。快速制作 30 份邀请函的最优操作方法是（　　）。

A. 利用 Word 的邮件合并功能自动生成

B. 先在 Word 中制作一份邀请函，通过复制、粘贴功能生成 30 份，然后分别添加客户名称

C. 先制作好一份邀请函，然后复印 30 份，在每份邀请函上添加客户名称

D. 发动同事帮忙制作邀请函，每个人写几份

18. 小张的毕业论文设置为 2 栏页面布局，现需在分栏之上插入一个横跨两栏内容的论文标题，最优的操作方法是（　　）。

A. 在两栏内容之上插入一个文本框，输入标题，并设置文本框的环绕方式

B. 在两栏内容之上插入一个分节符，然后设置论文标题位置

C. 在两栏内容之上插入一个艺术字标题

D. 在两栏内容之前空出几行，打印出来后手动写上标题

19. Word 文档的结构层次为“章-节-小节”，如章“1”为一级标题，节“1.1”为二级标题，小节“1.1.1”为三级标题，采用多级列表的方式已经完成了对第一章中章、节、小节的设置，若需完成剩余几章内容的多级列表设置，最优的操作方法是（　　）。

A. 利用格式刷功能，分别复制第 1 章中的“章、节、小节”格式，并应用到其他章节对应段落

B. 逐个对其他章节对应的“章、节、小节”标题应用“多级列表”格式，并调整段落结构层次

C. 将第 1 章中的“章、节、小节”格式保存为标题样式，并将其应用到其他章节对应段落

D. 复制第 1 章中的“章、节、小节”段落，分别粘贴到其他章节对应位置，然后替换标题内容

20. 小王利用 Word 撰写专业学术论文时，需要在论文结尾处列出所有参考文献或书目，最优的操作方法是（　　）。

A. 把所有参考文献信息保存在一个单独表格中，然后复制到论文结尾处

B. 直接在论文结尾处输入参考文献的相关信息

C. 利用 Word“插入尾注”功能，在论文结尾处插入参考文献或书目列表

D. 利用 Word“管理源”和“插入书目”功能，在论文结尾处插入参考文献或书目列表

21. 小金从网站上查到了最近一次全国人口普查的数据表格，他准备将这份表格中的数据引用到 Excel 中以便进一步分析，最优的操作方法是（　　）。

A. 先将包含表格的网页保存为.htm 或.mht 格式文件，然后在 Excel 中直接打开该文件

B. 对照网页上的表格，直接将数据输入 Excel 工作表中

C. 通过复制、粘贴功能，将网页上的表格复制到 Excel 工作表中

D. 通过 Excel“自网站获取外部数据”功能，直接将网页上的表格导入 Excel 工作表中

22. 小胡利用 Excel 对销售人员的销售额进行统计，销售工作表中已包含每位销售人员对应的产品销量，且产品销售单价为 308 元，计算每位销售人员销售额的最优操作方法是（　　）。

A. 将单价 308 定义名称为“单价”，然后在计算销售额的公式中引用该名称

B. 将单价 308 输入某个单元格中，然后在计算销售额的公式中相对引用该单元格

C. 直接通过公式“=销量×308”计算销售额

D. 将单价 308 输入某个单元格中，然后在计算销售额的公式中绝对引用该单元格

23. 在 Excel 某列单元格中，快速填充 2011～2013 年每月最后一天日期的最优操作方法是（　　）。

A. 在第一个单元格中输入“2011-1-31”，然后使用 MONTH 函数填充其余 35 个单元格

B. 在第一个单元格中输入“2011-1-31”，拖动填充柄，然后使用智能标记自动填充其余 35 个单元格

C. 在第一个单元格中输入“2011-1-31”，然后执行“开始”选项卡中的“填充”命令

D．在第一个单元格中输入“2011-1-31”，然后使用格式刷直接填充其余 35 个单元格

24. 如果 Excel 单元格值大于 0，则在本单元格中显示“已完成”；如果单元格值小于 0，则在本单元格中显示“还未开始”；如果单元格值等于 0，则在本单元格中显示“正在进行中”，最优的操作方法是（　　）。

A．使用自定义函数

B．使用 IF 函数

C．通过自定义单元格格式，设置数据的显示方式

D．使用条件格式命令

25. 小刘用 Excel 2010 制作了一份员工档案表，但经理的计算机中只安装了 Office 2003，能让经理正常打开员工档案表的最优操作方法是（　　）。

A．将文档另存为 PDF 格式

B．建议经理安装 Office 2010

C．将文档另存为 Excel 97-2003 文档格式

D．小刘自行安装 Office 2003，并重新制作一份员工档案表

26. 在 Excel 工作表中，编码与分类信息以“编码｜分类”的格式显示在一个数据列内，若将编码与分类分为两列显示，则最优的操作方法是（　　）。

A．将编码与分类列在相邻位置复制一列，将一列中的编码删除，另一列中的分类删除

B．使用文本函数将编码与分类信息分开

C．重新在两列中分别输入编码列和分类列，将原来的编码与分类列删除

D．在编码与分类列右侧插入一个空列，然后利用 Excel 的分列功能将其分开

27. 以下对 Excel 高级筛选功能，说法正确的是（　　）。

A．高级筛选通常需要在工作表中设置条件区域

B．利用“数据”选项卡中的“排序和筛选”组内的“筛选”命令可进行高级筛选

C．高级筛选就是自定义筛选

D．高级筛选之前必须对数据进行排序

28. 初二年级各班的成绩单分别保存在独立的 Excel 工作簿文件中，李老师需要将这些成绩单合并到一个工作簿文件中进行管理，最优的操作方法是（　　）。

A．通过移动或复制工作表功能，将各班成绩单整合到一个工作簿中

B．通过插入对象功能，将各班成绩单整合到一个工作簿中

C．将各班成绩单中的数据分别通过复制、粘贴的命令整合到一个工作簿中

D．打开一个班的成绩单，将其他班级的数据输入同一个工作簿的不同工作表中

29. 某公司需要在 Excel 中统计各类商品的全年销量冠军，最优的操作方法是（　　）。

A．在销量表中直接找到每类商品的销量冠军，并用特殊的颜色标记

B．分别对每类商品的销量进行排序，将销量冠军用特殊的颜色标记

C．通过设置条件格式，分别标出每类商品的销量冠军

D．通过自动筛选功能，分别找出每类商品的销量冠军，并用特殊的颜色标记

30. 在 Excel 中，若显示公式与单元格之间的关系，可通过以下方式实现（　　）。

A．“审阅”选项卡“更改”组中的有关功能

B．“公式”选项卡“函数库”组中的有关功能

C．“公式”选项卡“公式审核”组中的有关功能

D．“审阅”选项卡“校对”组中的有关功能

31. 在 Excel 中，设定与使用“主题”的功能是指（　　）。

A．标题　　B．一个表格　　C．一段标题文字　　D．一组格式集合

32. 在 Excel 工作表多个不相邻的单元格中输入相同的数据，最优的操作方法是（　　）。

A．在其中一个位置输入数据，然后逐次将其复制到其他单元格

B．在输入区域最左上方的单元格中输入数据，双击填充柄，将其填充到其他单元格

C．在其中一个位置输入数据，将其复制后，按 Ctrl 键选择其他全部输入区域，再粘贴内容

D．同时选中所有不相邻单元格，在活动单元格中输入数据，然后按 Ctrl+Enter 键

33. 小李在 Excel 中整理职工档案，希望“性别”一列只能从“男”“女”两个值中进行选择，否则系统提示错误信息，最优的操作方法是（　　）。

A．设置条件格式，标记不符合要求的数据

B．通过 IF 函数进行判断，控制“性别”列的输入内容

C．请同事帮忙进行检查，错误内容用红色标记

D．设置数据有效性，控制“性别”列的输入内容

34. 在 Excel 工作表中存放了第一中学和第二中学所有班级总计 300 个学生的考试成绩，A 列到 D 列分别对应“学校”“班级”“学号”“成绩”，利用公式计算第一中学 3 班的平均分，最优的操作方法是（　　）。

A．=AVERAGEIF(D2:D301,A2:A301,"第一中学",B2:B301,"3 班")

B．=SUMIFS(D2:D301,B2:B301,"3 班")/COUNTIFS(B2:B301,"3 班")

C．=SUMIFS(D2:D301,A2:A301,"第一中学",B2:B301,"3 班")/COUNTIFS(A2:A301,"第一中学",B2:B301,"3 班")

D．=AVERAGEIFS(D2:D301,A2:A301,"第一中学",B2:B301,"3 班")

35. Excel 工作表 D 列保存了 18 位身份证号码信息，为了保护个人隐私，需将身份证信息的第 9～12 位用“*”表示，以 D2 单元格为例，最优的操作方法是（　　）。

A．=CONCATENATE(MID(D2,1,8),"****",MID(D2,13,6))

B．=MID(D2,1,8)+"****"+MID(D2,13,6)

C．=REPLACE(D2,9,4,"****")

D．=MID(D2,9,4,"****")

36. 以下错误的 Excel 公式形式是（　　）。

A．=SUM(B3:3E)*F3　　B．=SUM(B3:E3)*$F$3

C. =SUM(B3:E3)*F$3　　D. =SUM(B3:$E3)*F3

37. 在 Excel 成绩单工作表中包含了 20 个同学的成绩，C 列为成绩值，第一行为标题行，在不改变行列顺序的情况下，在 D 列统计成绩排名，最优的操作方法是（　　）。

A. 在 D2 单元格中输入“=RANK(C2,C$2:C$21)”，然后双击该单元格的填充柄

B. 在 D2 单元格中输入“=RANK(C2,$C2:$C21)”，然后向下拖动该单元格的填充柄到 D21 单元格

C. 在 D2 单元格中输入“=RANK(C2,C$2:C$21)”，然后向下拖动该单元格的填充柄到 D21 单元格

D. 在 D2 单元格中输入“=RANK(C2,$C2:$C21)”，然后双击该单元格的填充柄

38. 在 Excel 工作表 A1 单元格里存放了 18 位二代身份证号码，其中第 7～10 位表示出生年份。在 A2 单元格中利用公式计算该人的年龄，最优的操作方法是（　　）。

A. =YEAR(TODAY())-MID(A1,6,8)　　B. =YEAR(TODAY())-MID(A1,7,4)

C. =YEAR(TODAY())-MID(A1,7,8)　　D. =YEAR(TODAY())-MID(A1,6,4)

39. 将 Excel 工作表 A1 单元格中的公式 SUM(B$2:C$4）复制到 B18 单元格后，原公式将变为（　　）。

A. SUM(B$19:C$19）　　B. SUM(C$19:D$19）

C. SUM(B$2:C$4）　　D. SUM(C$2:D$4）

40. 小谢在 Excel 工作表中计算每个员工的工作年限，每满一年计一年工作年限，最优的操作方法是（　　）。

A. 直接用当前日期减去入职日期，然后除以 365，并向下取整

B. 根据员工的入职时间计算工作年限，然后手动输入工作表中

C. 使用 YEAR 函数和 TODAY 函数获取当前年份，然后减去入职年份

D. 使用 TODAY 函数返回值减去入职日期，然后除以 365，并向下取整

41. 如需将 PowerPoint 演示文稿中的 SmartArt 图形列表内容通过动画效果一次性展现出来，最优的操作方法是（　　）。

A. 将 SmartArt 动画效果设置为“整批发送”

B. 将 SmartArt 动画效果设置为“逐个按分支”

C. 将 SmartArt 动画效果设置为“逐个按级别”

D. 将 SmartArt 动画效果设置为“一次按级别”

42. 在 PowerPoint 演示文稿中通过分节组织幻灯片，如果要选中某一节内的所有幻灯片，最优的操作方法是（　　）。

A. 选中该节的一张幻灯片，然后按住 Ctrl 键，逐个选中该节的其他幻灯片

B. 单击节标题

C. 选中该节的第一张幻灯片，然后按住 Shift 键，单击该节的最后一张幻灯片

D. 按 Ctrl+A 组合键

43. 小梅需将 PowerPoint 演示文稿内容制作成一份 Word 版本讲义，以便后续可以灵活编辑及打印，最优的操作方法是（　　）。

A. 切换到演示文稿的“大纲视图”，将大纲内容直接复制到 Word 文档中

B. 将演示文稿中的幻灯片以粘贴对象的方式一张张复制到 Word 文档中

C．在 PowerPoint 中利用“创建讲义”功能，直接创建 Word 讲义

D．将演示文稿另存为“大纲/RTF 文件”格式，然后在 Word 中打开

44. 小刘正在整理公司各产品线介绍的 PowerPoint 演示文稿，因幻灯片内容较多，不易于对各产品线演示内容进行管理。快速分类和管理幻灯片的最优操作方法是（　　）。

A．利用自定义幻灯片放映功能，将每个产品线定义为独立的放映单元

B．将演示文稿拆分成多个文档，按每个产品线生成一份独立的演示文稿

C．为不同的产品线幻灯片分别指定不同的设计主题，以便浏览

D．利用节功能，将不同的产品线幻灯片分别定义为独立节

45. 小王在一次校园活动中拍摄了很多数码照片，现需将这些照片整理到一个 PowerPoint 演示文稿中，快速制作的最优操作方法是（　　）。

A．创建一个 PowerPoint 演示文稿，然后批量插入图片

B．在文件夹中选中所有照片，然后单击鼠标右键直接发送到 PowerPoint 演示文稿中

C．创建一个 PowerPoint 演示文稿，然后在每页幻灯片中插入图片

D．创建一个 PowerPoint 相册文件

46. 如果需要在一个演示文稿的每页幻灯片左下角相同位置插入学校的校徽图片，最优的操作方法是（　　）。

A．打开幻灯片放映视图，将校徽图片插入幻灯片

B．打开幻灯片普通视图，将校徽图片插入幻灯片

C．打开幻灯片母版视图，将校徽图片插入母版

D．打开幻灯片浏览视图，将校徽图片插入幻灯片

47. 小李利用 PowerPoint 制作产品宣传方案，并希望在演示时能够满足不同对象的需要，处理该演示文稿的最优操作方法是（　　）。

A．针对不同的人群，分别制作不同的演示文稿

B．制作一份包含适合所有人群的全部内容的演示文稿，然后利用自定义幻灯片放映功能创建不同的演示方案

C．制作一份包含适合所有人群的全部内容的演示文稿，放映前隐藏不需要的幻灯片

D．制作一份包含适合所有人群的全部内容的演示文稿，每次放映时按需要进行删减

48. 江老师使用 Word 编写完成了课程教案，需根据该教案创建 PowerPoint 课件，最优的操作方法是（　　）。

A．在 Word 中直接将教案大纲发送到 PowerPoint

B．从 Word 文档中复制相关内容到幻灯片中

C．参考 Word 教案，直接在 PowerPoint 中输入相关内容

D．通过插入对象方式将 Word 文档内容插入幻灯片

49. 可以在 PowerPoint 内置主题中设置的内容是（　　）。

A．效果、图片和表格　　　　B．字体、颜色和效果

C．字体、颜色和表格　　D．效果、背景和图片

50. 在 PowerPoint 演示文稿中，不可以使用的对象是（　　）。

A．书签　　B．视频　　C．超链接　　D．图片

51. 小姚负责新员工的入职培训，在培训演示文稿中需要制作公司的组织结构图，在 PowerPoint 中最优的操作方法是（　　）。

A. 先在幻灯片中分级输入组织结构图的文字内容，然后将文字转换为 SmartArt 组织结构图

B．通过插入图片或对象的方式，插入在其他程序中制作好的组织结构图

C．通过插入 SmartArt 图形制作组织结构图

D．直接在幻灯片的适当位置通过绘图工具绘制组织结构图

52. 李老师用 PowerPoint 制作课件，她希望将学校的徽标图片放在除标题页之外的所有幻灯片右下角，并为其指定一个动画效果，最优的操作方法是（　　）。

A．先在一张幻灯片上插入徽标图片，并设置动画，然后将该徽标图片复制到其他幻灯片上

B．先制作一张幻灯片并插入徽标图片，为其设置动画，然后多次复制该张幻灯片

C．在幻灯片母版中插入徽标图片，并为其设置动画

D．分别在每张幻灯片上插入徽标图片，并分别设置动画

53. 在 PowerPoint 中，幻灯片浏览视图主要用于（　　）。

A．观看幻灯片的播放效果

B．对所有幻灯片进行整理编排或次序调整

C．对幻灯片的内容进行编辑修改及格式调整

D．对幻灯片的内容进行动画设计

54. 在 PowerPoint 中，旋转图片的最快捷方法是（　　）。

A．拖动图片上方绿色控制点　　B．设置图片效果

C．设置图片格式　　D．拖动图片 4 个角的任一控制点

55. PowerPoint 演示文稿包含了 20 张幻灯片，需要放映奇数页幻灯片，最优的操作方法是（　　）。

A．将演示文稿的所有奇数页幻灯片添加到自定义放映方案中，然后再放映

B．将演示文稿的偶数页幻灯片删除后再放映

C．将演示文稿的偶数页幻灯片设置为隐藏后再放映

D．设置演示文稿的偶数页幻灯片的换片持续时间为 0.01 秒，自动换片时间为 0 秒，然后再放映

56. 将一个 PowerPoint 演示文稿保存为放映文件，最优的操作方法是（　　）。

A．将演示文稿另存为.PPTX 文件格式

B．将演示文稿另存为.PPSX 文件格式

C．将演示文稿另存为.POTX 文件格式

D．在“文件”后台视图中选择“保存并发送”，将演示文稿打包成可自动放映的 CD

57. 李老师制作完成了一个带有动画效果的 PowerPoint 教案，她希望在课堂上可以按照自己讲课的节奏自动播放，最优的操作方法是（　　）。

A．将 PowerPoint 教案另存为视频文件

B．在练习过程中，利用“排练计时”功能记录适合的幻灯片切换时间，然后播放

C．为每张幻灯片设置特定的切换持续时间，并将演示文稿设置为自动播放

D．根据讲课节奏，设置幻灯片中每一个对象的动画时间，以及每张幻灯片的自动换片时间

58. 若需在 PowerPoint 演示文稿的每张幻灯片中添加包含单位名称的水印效果，最优的操作方法是（　　）。

A．利用 PowerPoint 插入“水印”功能实现

B．在幻灯片母版的特定位置放置包含单位名称的文本框

C．添加包含单位名称的文本框，并置于每张幻灯片的底层

D．制作一个带单位名称的水印背景图片，然后将其设置为幻灯片背景

59. 邱老师在学期总结 PowerPoint 演示文稿中插入了一个 SmartArt 图形，她希望将该 SmartArt 图形的动画效果设置为逐个形状播放，最优的操作方法是（　　）。

A．先将该 SmartArt 图形取消组合，然后再为每个形状依次设置动画

B．只能将 SmartArt 图形作为一个整体设置动画效果，不能分开指定

C．为该 SmartArt 图形选择一个动画类型，然后再进行适当的动画效果设置

D．先将该 SmartArt 图形转换为形状，然后取消组合，再为每个形状依次设置动画

60. 小江在制作公司产品介绍的 PowerPoint 演示文稿时，希望每类产品可以通过不同的演示主题进行展示，最优的操作方法是（　　）。

A．在演示文稿中选中每类产品所包含的所有幻灯片，分别为其应用不同的主题

B．通过 PowerPoint 中“主题分布”功能，直接应用不同的主题

C．为每类产品分别制作演示文稿，每份演示文稿均应用不同的主题

D．为每类产品分别制作演示文稿，每份演示文稿均应用不同的主题，然后将这些演示文稿合并为一

参 考 答 案

1～5. DDCBB　　6～10. CDCCD　　11～15. CBABB　　16～20. DABCC

21～25. DABCC　　26～30. DAABC　　31～35. DDDDC　　36～40. AABDD

41～45. ABCDD　　46～50. CBABA　　51～55. ACBAA　　56～60. BBDCA

二、选择题——计算机基础习题

1. 小向使用了一部标配为 2GB RAM 的手机，因存储空间不够，他将一张 64GB 的 mircoSD 卡插到了手机上。此时，这部手机上的 2GB 和 64GB 参数分别代表的指标是（　　）。

A．内存、内存　　B．外存、外存

C．内存、外存　　D．外存、内存

2. 全高清视频的分辨率为 1920×1080P，如果一张真彩色像素的 1920×1080BMP 数字格式图像，所需存储空间是（　　）。

A．1.98MB　　B．5.93MB　　C．7.91MB　　D．2.96MB

3. 在 Windows 7 操作系统中，磁盘维护包括硬盘的检查、清理和碎片整理等功能，碎片整理的目的是（　　）。

A．优化磁盘文件存储　　B．获得更多磁盘可用空间

C．删除磁盘小文件　　D．改善磁盘的清洁度

4. 有一种木马程序，其感染机制与 U 盘病毒的传播机制完全一样，感染目标计算机后它会尽量隐藏自己的踪迹，唯一的动作是扫描系统文件，发现对其可能有用的敏感文件，就将其悄悄复制到 U 盘，一旦这个 U 盘插入连接互联网的计算机，会将这些敏感文件自动发送到互联网上指定的计算机中，从而达到窃取的目的，该木马叫作（　　）。

A．摆渡木马　　B．网游木马　　C．代理木马　　D．网银木马

5. 某企业为了构建网络办公环境，每位员工使用的计算机上应当配备的设备是（　　）。

A．摄像头　　B．无线鼠标　　C．双显示器　　D．网卡

6. 某企业为了组建内部办公网络，需要具备的设备是（　　）。

A．路由器　　B．投影仪　　C．DVD 光盘　　D．大容量硬盘

7. 某企业为了建设一个可供客户在互联网上浏览的网站，需要申请一个（　　）。

A．域名　　B．门牌号　　C．邮编　　D．密码

8. 为了保证公司网络的安全运行，预防计算机病毒的破坏，可以在计算机上采取的方法是（　　）。

A．磁盘扫描　　B．安装浏览器加载项

C．修改注册表　　D．开启防病毒软件

9. 1MB 的存储容量相当于（　　）。

A．100 万个字节　　B．2^{20} 个字节

C．2^{10} 个字节　　D．1000KB

10. Internet 的四层结构分别是（　　）。

A．应用层、传输层、通信子网层和物理层

B．物理层、数据链路层、网络层和传输层

C．应用层、表示层、传输层和网络层

D．网络接口层、网络层、传输层和应用层

11. 微机中访问速度最快的存储器是（　　）。

A．内存　　B．U 盘　　C．CD-ROM　　D．硬盘

12. 计算机能直接识别和执行的语言是（　　）。

A．机器语言　　B．高级语言　　C．汇编语言　　D．数据库语言

13. 某企业需要为普通员工每人购置一台计算机，专门用于日常办公，通常选购的机型是（　　）。

A．超级计算机　　B．微型计算机（PC）

C．大型计算机　　D．小型计算机

14. Java 属于（　　）。

A．办公软件　　B．计算机语言

C．数据库系统　　D．操作系统

15. 手写板或鼠标属于（　　）。

A．存储器　　B．输出设备

C．输入设备　　D．中央处理器

16. 某企业需要在一个办公室构建适用于 20 多人的小型办公网络环境，这样的网络环境属于（　　）。

A．互联网　　B．局域网　　C．广域网　　D．城域网

17. 第四代计算机的标志是微处理器的出现，微处理器的组成是（　　）。

A．运算器和存储器　　B．运算器和控制器

C．运算器、控制器和存储器　　D．存储器和控制器

18. 在计算机内部，大写字母“G”的 ASCII 码为“1000111”，大写字母“K”的 ASCII 码为（　　）。

A．1001011　　B．1001010　　C．1001100　　D．1001001

19. 以下软件中属于计算机应用软件的是（　　）。

A．Linux　　B．iOS　　C．Andriod　　D．QQ

20. 以下关于计算机病毒的说法，不正确的是（　　）。

A．计算机病毒一般会传染其他文件

B．计算机病毒一般会寄生在其他程序中

C．计算机病毒一般具有自愈性

D．计算机病毒一般具有潜伏性

21. 台式计算机中的 CPU 是指（　　）。

A．输出设备　　B．中央处理器　　C．存储器　　D．控制器

22. CPU 的参数如 2800MHz，指的是（　　）。

A．CPU 的速度　　B．CPU 的字长

C．CPU 的大小　　D．CPU 的时钟主频

23. 描述计算机内存容量的参数，可能是（　　）。

A．1Tpx　　B．4GB　　C．1600MHz　　D．1024dpi

24. HDMI 接口可以外接（　　）。

A．打印机　　B．高清电视　　C．硬盘　　D．鼠标或键盘

25. 研究量子计算机的目的是为了解决计算机中的（　　）。

A．计算精度问题　　B．速度问题

C．存储容量问题　　D．能耗问题

26. 计算机中数据存储容量的基本单位是（　　）。

A．字　　B．字节　　C．位　　D．字符

27. 现代计算机普遍采用总线结构，按照信号的性质划分，总线一般分为（　　）。

A．数据总线、地址总线、控制总线

B．电源总线、数据总线、地址总线

C．控制总线、电源总线、数据总线

D．地址总线、控制总线、电源总线

28. Web 浏览器收藏夹的作用是（　　）。

A．记忆感兴趣的页面内容　　B．收集感兴趣的页面地址

C．收集感兴趣的文件名　　D．收集感兴趣的页面内容

29. 在拼音输入法中，输入拼音“zhengchang”，其编码属于（　　）。

A．内码　　B．字形码　　C．地址码　　D．外码

30. 先于或随着操作系统的系统文件装入内存储器，从而获得计算机特定控制权并进行传染和破坏的病毒是（　　）。

A．引导区型病毒　B．文件型病毒　　C．网络病毒　　D．宏病毒

31. 某家庭采用 ADSL 宽带接入方式连接 Internet，ADSL 调制解调器连接一个 4 口的路由器，路由器再连接 4 台计算机实现上网的共享，这种家庭网络的拓扑结构为（　　）。

A．星形拓扑　　B．环形拓扑　　C．网状拓扑　　D．总线型拓扑

32. 在声音的数字化过程中，采样时间、采样频率、量化位数和声道数都相同的情况下，所占存储空间最大的声音文件格式是（　　）。

A．RealAudio 音频文件　　B．MPEG 音频文件

C．WAV 波形文件　　D．MIDI 电子乐器数字接口文件

33. 办公软件中的字体在操作系统中有对应的字体文件，字体文件中存放的汉字编码是（　　）。

A．外码　　B．内码　　C．地址码　　D．字形码

34. 某种操作系统能够支持位于不同终端的多个用户同时使用一台计算机，彼此独立互不干扰，用户感到好像一台计算机全为他所用，这种操作系统属于（　　）。

A．实时操作系统　　B．网络操作系统

C．批处理操作系统　　D．分时操作系统

35. 某家庭采用 ADSL 宽带接入方式连接 Internet，ADSL 调制解调器连接一个无线路由器，家中的电脑、手机、电视机、PAD 等设备均可通过 Wi-Fi 实现无线上网，该网络拓扑结构是（　　）。

A．总线型拓扑　　B．环形拓扑　　C．网状拓扑　　D．星形拓扑

36. 数字媒体已经广泛使用，属于视频文件格式的是（　　）。

A．PNG 格式　　B．MP3 格式　　C．WAV 格式　　D．RM 格式

37. 为了保证独立的微机能够正常工作，必须安装的软件是（　　）。

A．网站开发工具　　B．办公应用软件

C．高级程序开发语言　　D．操作系统

38. 某台微机安装的是 64 位操作系统，“64 位”指的是（　　）。

A．CPU 的运算速度，即 CPU 每秒钟能计算 64 位二进制数据

B．CPU 的时钟主频

C．CPU 的型号

D．CPU 的字长，即 CPU 每次能处理 64 位二进制数据

39. 某台微机用于日常办公事务，除了操作系统外，还应该安装的软件类别是（　　）。

A．办公应用软件，如 Microsoft Office

B．SQL Server 2005 及以上版本

C．游戏软件

D．Java、C、C++开发工具

40. SQL Server 2005 属于（　　）。

A．应用软件　　B．操作系统　　C．数据库管理系统　　D．语言处理系统

参考答案

1～5. CBAAD　　6～10. AADBD　　11～15. AABBC　　16～20. BBADC

21～25. BDBBD　　26～30. BABDA　　31～35. ACDDD　　36～40. DDDAC

三、选择题——公共基础知识习题

1. 在线性表的链式存储结构中，其存储空间一般是不连续的，并且（　　）。

A．前件结点的存储序号小于后件结点的存储序号

B．前件结点的存储序号大于后件结点的存储序号

C．前件结点的存储序号可以小于也可以大于后件结点的存储序号

2. 数据元素的集合 D={1,2,3,4,5}，满足下列关系 R 的数据结构中为线性结构的是（　　）。

A．R={(1,3),(2,4),(3,5),(1,2)}　　B．R={(1,2),(3,2),(5,1),(4,5)}

C．R={(1,3),(4,1),(3,2),(5,4)}　　D．R={(1,2),(2,4),(4,5),(2,3)}

3. 某二叉树中有 15 个度为 1 的结点，16 个度为 2 的结点，则该二叉树中总的结点数为（　　）。

A．48　　B．32　　C．49　　D．46

4. 下面对软件特点描述错误的是（　　）。

A．软件没有明显的制作过程

B．软件是一种逻辑实体，不是物理实体，具有抽象性

C．软件在使用中存在磨损、老化问题

D．软件的开发、运行对计算机系统具有依赖性

5. 下面不属于对象主要特征的是（　　）。

A．对象唯一性　　B．对象持久性

C．对象继承性　　D．对象依赖性

6. 用树形结构表示实体之间联系的模型是（　　）。

A．关系模型　　B．层次模型　　C．网状模型

7. 设有表示公司和员工及雇佣的 3 张表（员工可在多家公司兼职）：公司 C（公司号，公司名，地址，注册资本，法人代表，员工数）；员工 S（员工号，姓名，性别，年龄，学历）；雇佣 E（公司号，员工号，工资，工作起始时间）。其中表 C 的键为公司

号，表 S 的键为员工号，则表 E 的键为（　　）。

A．公司号，员工号　　B．员工号

C．公司号，员工号，工资　　D．员工号，工资

8. 下列叙述中正确的是（　　）。

A．每一个结点有两个指针域的链表一定是非线性结构

B．线性结构的存储结点也可以有多个指针

C．循环链表是循环队列的链式存储结构

D．所有结点的指针域都为非空的链表一定是非线性结构

9. 在线性表的顺序存储结构中，其存储空间连续，各个元素所占的字节数（　　）。

A．相同，元素的存储顺序与逻辑顺序一致

B．相同，但其元素的存储顺序可以与逻辑顺序不一致

C．不同，但元素的存储顺序与逻辑顺序一致

D．不同，且其元素的存储顺序可以与逻辑顺序不一致

10. 设循环队列为 Q(1:m)，其初始状态为 front=rear=m。经过一系列入队与退队运算后，front=30，rear=10。现要在该循环队列中作顺序查找，最坏情况下需要比较的次数为（　　）。

A．19　　B．m−19　　C．20　　D．m−20

11. 某二叉树中共有 935 个结点，其中叶子结点有 435 个，则该二叉树中度为 2 的结点个数为（　　）。

A．434　　B．436　　C．66　　D．64

12. 软件生命周期是指（　　）。

A．软件的实现和维护

B．软件产品从提出、实现、使用维护到停止使用退役的过程

C．软件的需求分析、设计与实现

D．软件的运行和维护

13. 面向对象方法中，实现对象的数据和操作结合于统一体中的是（　　）。

A．抽象　　B．封装　　C．隐藏　　D．结合

14. 在进行逻辑设计时，将 E-R 图中实体之间的联系转换为关系数据库的是（　　）。

A．属性　　B．元组　　C．属性的值域　　D．关系

15. 公司向不同的客户销售多种产品，客户可选择不同的产品，则实体产品与实体客户之间的联系是（　　）。

A．一对一　　B．多对多　　C．多对一　　D．一对多

16. 非空循环链表所表示的数据结构（　　）。

A．有根结点但没有叶子结点　　B．没有根结点也没有叶子结点

C．没有根结点但有叶子结点　　D．有根结点也有叶子结点

17. 某棵树只有度为 3 的结点和叶子结点，其中，度为 3 的结点有 8 个，则该树中的叶子结点数为（　　）。

A．不存在这样的树　　B．17

C．16　　D．15

18. 某循环队列的存储空间为 Q(1:m)，初始状态为 front=rear=m。现经过一系列的入队操作和退队操作后，front=m，rear=m−1，则该循环队列中的元素个数为（　　）。

A．1　　B．m−1　　C．0　　D．m

19. 在排序过程中，每次数据元素的移动会产生新的逆序的排序方法是（　　）。

A．简单插入排序

B．快速排序

C．冒泡排序

20. 软件工程的三要素是（　　）。

A．开发方法、技术与过程　　B．方法、工具和过程

C．程序、数据和文档　　D．方法、算法和工具

21. 下面对软件测试描述正确的是（　　）。

A．诊断和改正程序中的错误

B．软件测试的目的是发现错误和改正错误

C．测试用例是程序和数据

D．严格执行测试计划，排除测试的随意性

22. 下面属于工具（支撑）软件的是（　　）。

A．编辑软件 Word　　B．数据库管理系统

C．财务管理系统　　D．Windows 操作系统

23. 下列叙述中正确的是（　　）。

A．数据库系统减少了数据冗余

B．数据库系统比文件系统能管理更多的数据

C．数据库系统避免了一切冗余

D．数据库系统中数据的一致性是指数据类型一致

24. 每家医院都有一名院长，而每个院长只能在一家医院任职，则实体医院和实体院长之间的联系是（　　）。

A．一对一　　B．多对多　　C．一对多　　D．多对一

25. 某循环队列的存储空间为 Q(1:m)，初始状态为 front=rear=m。现经过一系列的入队操作和退队操作后，front=m−1，rear=m，则该循环队列中的元素个数为（　　）。

A．0　　B．m　　C．1　　D．m−1

26. 某棵树中共有 25 个结点，且只有度为 3 的结点和叶子结点，其中，叶子结点有 7 个，则该树中度为 3 的结点数为（　　）。

A．不存在这样的树　　B．6

C．8　　D．7

27. 下列序列中不满足堆条件的是（　　）。

A．（98，95，93，96，89，85，76，64，55，49）

B．（98，95，93，94，89，90，76，64，55，49）

C．（98，95，93，94，89，85，76，64，55，49）

D．（98，95，93，94，89，90，76，80，55，49）

28. 将自然数集设为整数类 I，则下面属于类 I 实例的是（　　）。

A．518E-2　　B．518　　C．-518　　D．5.18

29. 下面属于白盒测试方法的是（　　）。

A．等价类划分法　　B．因果图法

C．判定-条件覆盖　　D．错误推测法（猜错法）

30. 下列叙述中正确的是（　　）。

A．数据库的数据项之间无联系

B．数据库中任意两个表之间一定不存在联系

C．数据库的数据项之间存在联系

D．数据库的数据项之间及两个表之间都不存在联系

31. 学院中每个系有一名系主任，而各个系的系主任可以由同一个人担任，则实体系主任和实体系之间的联系是（　　）。

A．多对多　　B．一对多　　C．多对一　　D．一对一

32. 下列叙述中正确的是（　　）。

A．算法的有穷性是指算法的规模不能太大

B．算法的效率与数据的存储结构无关

C．程序可以作为算法的一种表达方式

D．算法的复杂度用于衡量算法的控制结构

33. 某棵树的度为 4，且度为 4、3、2、1 的结点个数分别为 1、2、3、4，则该树中的叶子结点数为（　　）。

A．9　　B．11　　C．10　　D．8

34. 设二叉树中共有 15 个结点，其中的结点值互不相同。如果该二叉树的前序序列与中序序列相同，则该二叉树的深度为（　　）。

A．15　　B．不存在这样的二叉树

C．4　　D．6

35. 设循环队列的存储空间为 Q(1:50)，初始状态为 front=rear=50。现经过一系列入队与退队操作后，front=rear=1，此后又正常地插入了两个元素。最后该队列中的元素个数为（　　）。

A．3　　B．52　　C．2　　D．1

36. 下列叙述中正确的是（　　）。

A．软件工程是为了解决软件生产率问题

B．软件工程是用于软件的定义、开发和维护的方法

C．软件工程的三要素是方法、工具和进程

D．软件工程是用工程、科学和数学的原则与方法研制、维护计算机软件的有关技术及管理方法

37. 软件开发中需求分析的主要任务是（　　）。

A．给出软件解决方案　　B．定义和描述目标系统“怎么做”

C．定义和描述目标系统“做什么”　　D．需求评审

38. 下面属于黑盒测试方法的是（　　）。

A．条件-分支覆盖　　B．条件覆盖

C．错误推测法（猜错法） D．基本路径测试

39. 数据库系统中，存储在计算机内有结构的数据集合称为（ ）。

A．数据库管理系统 B．数据结构

C．数据模型 D．数据库

40. 工厂有多个车间，一个车间可以有多名工人，每名工人只属于一个车间，则实体车间与实体工人之间的联系是（ ）。

A．多对一 B．一对一 C．多对多 D．一对多

41. 设数据元素集合为{A,B,C,D,E,F}，下列关系为线性结构的是（ ）。

A．R={(D,E),(E,A),(B,C),(F,B),(C,F)}

B．R={(A,B),(C,D),(B,A),(E,F),(F,A)}

C．R={(D,E),(E,A),(B,C),(A,B),(C,F)}

D．R={(D,F),(E,C),(B,C),(A,B),(C,F)}

42. 下列处理中与队列有关的是（ ）。

A．执行程序中的循环控制

B．操作系统中的作业调度

C．执行程序中的过程调用

43. 下列数据结构中为非线性结构的是（ ）。

A．双向链表 B．二叉链表 C．循环队列 D．循环链表

44. 设二叉树中共有 31 个结点，其中的结点值互不相同。如果该二叉树的后序序列与中序序列相同，则该二叉树的深度为（ ）。

A．31 B．5 C．16 D．17

45. 软件生命周期是指（ ）。

A．软件的开发阶段

B．软件的定义和开发阶段

C．软件产品从提出、实现、使用维护到停止使用退役的过程

D．软件的需求分析、设计与实现阶段

46. 下列叙述中正确的是（ ）。

A．内聚性是指模块之间互相连接的紧密程度

B．耦合性是指一个模块内部各个元素之间彼此结合的紧密程度

C．提高耦合性，降低内聚性，有利于提高模块的独立性

D．降低耦合性，提高内聚性，有利于提高模块的独立性

47. 下列叙述中正确的是（ ）。

A．数据库系统可以管理庞大的数据量，而文件系统管理的数据量较少

B．数据库系统可以减少数据冗余和增强数据独立性，而文件系统不能

C．数据库系统能够管理各种类型的文件，而文件系统只能管理程序文件

48. 在学校每间宿舍住 1～6 名学生，每个学生只在一间宿舍居住，则实体宿舍与实体学生之间的联系是（ ）。

A．一对一 B．多对一 C．一对多 D．多对多

49. 下列叙述中错误的是（ ）。

A．空数据结构可以是线性结构也可以是非线性结构
B．非空数据结构可以没有根结点
C．数据结构中的数据元素不能是另一个数据结构
D．数据结构中的数据元素可以是另一个数据结构

50. 为了降低算法的空间复杂度，要求算法尽量采用原地工作。原地工作是指（　　）。

A．执行算法时不使用额外空间
B．执行算法所使用的额外空间随算法所处理的数据空间大小的变化而变化
C．执行算法时所使用的额外空间固定（不随算法所处理的数据空间大小的变化而变化）
D．执行算法时不使用任何存储空间

51. 设栈的存储空间为 S(1:m)，初始状态为 top=m+1。经过一系列入栈与退栈操作后，top=1。现又要将一个元素进栈，栈顶指针 top 值变为（　　）。

A．m　　B．0
C．发生栈满的错误　　D．2

52. 设某二叉树的后序序列与中序序列均为 ABCDEFGH，则该二叉树的前序序列为（　　）。

A．ABCDEFGH　　B．HGFEDCBA
C．EFGHABCD　　D．DCBAHGFE

53. 下列叙述中正确的是（　　）。

A．内聚度是指模块之间互相连接的紧密程度
B．降低耦合度，提高内聚度，有利于提高模块的独立性
C．耦合和内聚是不相关的
D．耦合度是指一个模块内部各个元素之间彼此结合的紧密程度

54. 单元测试主要涉及的文档是（　　）。

A．编码和详细设计说明书　　B．总体设计说明书
C．需求规格说明书　　D．确认测试计划

55. 将 C 语言的整数设为整数类 I，则下面属于类 I 实例的是（　　）。

A．10E3　　B．10.3　　C．−103　　D．“0103”

56. 在数据库技术中，为提高数据库的逻辑独立性和物理独立性，数据库的结构被划分成用户级、存储级和（　　）。

A．概念级　　B．内部级　　C．管理员级　　D．外部级

57. 购物时，顾客可以选择多种商品，而每种商品可被多名顾客选购，则实体顾客与实体商品之间的联系是（　　）。

A．多对一　　B．多对多　　C．一对一　　D．一对多

58. 设栈的存储空间为 S(1:m)，初始状态为 top=m+1。经过一系列入栈与退栈操作后，top=m。现又在栈中退出一个元素后，栈顶指针 top 值为（　　）。

A．产生栈空错误　　B．m−1
C．m+1　　D．0

59. 下列叙述中正确的是（　　）。

A．数据结构中的数据元素只能是另一种非线性结构

B．数据结构中的数据元素只能是另一种线性结构

C．数据结构中的数据元素可以是另一种数据结构

60. 下列叙述中正确的是（　　）。

A．二分查找法适用于有序双向链表

B．二分查找法适用于有序循环链表

C．二分查找法适用于任何存储结构的有序线性表

D．二分查找法只适用于顺序存储的有序线性表

61. 设某二叉树的前序序列与中序序列均为 ABCDEFGH，则该二叉树的后序序列为（　　）。

A．DCBAHGFE　　B．EFGHABCD

C．HGFEDCBA　　D．ABCDEFGH

62. 软件按功能可以分为应用软件、系统软件和支撑软件（或工具软件）。下面属于系统软件的是（　　）。

A．学籍管理系统　　B．CAI 软件

C．编译程序　　D．ERP 系统

63. 下面可以作为软件需求分析工具的是（　　）。

A．PAD 图　　B．程序流程图

C．N-S 图　　D．数据流程图（DFD 图）

64. 下面属于对象基本特点的是（　　）。

A．灵活性　　B．多态性

C．方法唯一性　　D．可修改性

65. 数据库管理系统是（　　）。

A．操作系统的一部分　　B．在操作系统支持下的系统软件

C．一种操作系统　　D．一种编译程序

66. 在医院，实体医生和实体药品之间的联系是（　　）。

A．一对多　　B．多对一　　C．一对一　　D．多对多

67. 设循环队列的存储空间为 Q(1:m)，初始状态为空。现经过一系列正常的入队与退队操作后，front=m，rear=m−1，此后从该循环队列中删除一个元素，则队列中的元素个数为（　　）。

A．m−1　　B．0　　C．1　　D．m−2

68. 二叉树共有 730 个结点，其中，度为 1 的结点有 30 个，则叶子结点个数为(　　)。

A．351　　B．1　　C．350　　D. 不存在这样的二叉树

69. 从任意一个结点开始没有重复地扫描到所有结点的数据结构是（　　）。

A．循环链表　　B．有序链表　　C．双向链表　　D．二叉链表

70. 某二叉树中的所有结点值均大于其左子树上的所有结点值，且小于右子树上的所有结点值，则该二叉树遍历序列中有序的是（　　）。

A．后序序列　　B．中序序列　　C．前序序列

71. 软件生命周期中，确定软件系统“怎么做”的阶段是（　　）。

A．需求分析　　B．软件设计　　C．软件测试　　D．系统维护

72. 下面可以作为软件设计工具的是（　　）。

A．甘特图　　B．数据字典（DD）

C．系统结构图　　D．数据流程图（DFD 图）

73. 属于结构化程序设计原则的是（　　）。

A．逐步求精　　B．可封装　　C．自顶向下　　D．模块化

74. 数据库的数据模型分为（　　）。

A．网状、环状和链状　　B．层次、关系和网状

C．线性和非线性　　D．大型、中型和小型

75. 一名演员可以出演多部电影，则实体演员和实体电影之间的联系是（　　）。

A．一对多　　B．一对一　　C．多对一　　D．多对多

76. 循环队列的存储空间为 Q(1:m)，初始状态为空。现经过一系列正常的入队与退队操作后，front=m-1，rear=m，此后再向该循环队列中插入一个元素，则队列中的元素个数为（　　）。

A．1　　B．m　　C．2　　D．m-1

77. 二叉树共有 530 个结点，其中，度为 2 的结点有 250 个，则度为 1 的结点数为（　　）。

A．251　　B．249　　C．29　　D．30

78. 下列叙述中正确的是（　　）。

A．对同一批数据作不同的处理，如果数据存储结构相同，不同算法的时间复杂度肯定相同

B．对同一批数据作同一种处理，如果数据存储结构不同，不同算法的时间复杂度肯定相同

C．解决同一个问题的不同算法的时间复杂度一般是不同的

D．解决同一个问题的不同算法的时间复杂度必定是相同的

79. 下列叙述中正确的是（　　）。

A．软件是程序和数据　　B．软件是算法和数据结构

C．软件是算法和程序　　D．软件是程序、数据和文档

80. 软件按功能可以分为应用软件、系统软件和支撑软件（或工具软件）。下面属于系统软件的是（　　）。

A．学生成绩管理系统　　B．办公自动化系统

C．ERP 系统　　D．UNIX 系统

81. 数据库系统的数据独立性是指（　　）。

A．不会因为系统数据存储结构与数据逻辑结构的变化而影响应用程序

B．不会因为某些存储结构的变化而影响其他的存储结构

C．不会因为存储策略的变化而影响存储结构

D．不会因为数据的变化而影响应用程序

82. 有 3 张表：客户（客户号，姓名，地址）；产品（产品号，产品名，规格，进价）；

购买（客户号，产品号，价格）。其中，表客户和表产品的关键字（键或码）分别为客户号和产品号，则表购买的关键字为（　　）。

A. 产品号　　B. 客户号，产品号，价格

C. 客户号，产品号　　D. 客户号

83. 下列叙述中正确的是（　　）。

A. 算法的空间复杂度是指算法程序中指令的条数

B. 压缩数据存储空间不会降低算法的空间复杂度

C. 算法的空间复杂度与算法所处理的数据存储空间有关

D. 算法的空间复杂度是指算法程序控制结构的复杂程度

84. 下列各组排序法中，最坏情况下比较次数相同的是（　　）。

A. 简单选择排序与堆排序　　B. 希尔排序与堆排序

C. 冒泡排序与快速排序　　D. 简单插入排序与希尔排序

85. 数据集合为D={1,2,3,4,5}。下列数据结构B=(D,R)中为非线性结构的是（　　）。

A. R={(1,2),(2,3),(3,4),(4,5)}　　B. R={(2,5),(5,4),(3,2),(4,3)}

C. R={(1,2),(2,3),(4,3),(3,5)}　　D. R={(5,4),(4,3),(3,2),(2,1)}

86. 某二叉树共有400个结点，其中，有100个度为1的结点，则该二叉树中的叶子结点数为（　　）。

A. 150　　B. 149

C. 不存在这样的二叉树　　D. 151

87. 下面属于黑盒测试方法的是（　　）。

A. 基本路径测试　　B. 条件-分支覆盖

C. 边界值分析法　　D. 条件覆盖

88. 下面属于应用软件的是（　　）。

A. 编辑软件WPS　　B. 安卓操作系统

C. 数据库管理系统　　D. 人事管理系统

89. 下列对数据库的描述中不正确的是（　　）。

A. 数据库减少了数据冗余

B. 数据库中的数据可以共享

C. 数据库避免了一切数据的重复

D. 若系统是完全可以控制的，则系统可确保更新时的一致性

90. 若所有学校都有一名校长，而每个校长只在一所学校任职，则实体学校和实体校长之间的联系是（　　）。

A. 多对多　　B. 一对一　　C. 多对一　　D. 一对多

91. 学校的数据库中有表示系和学生的关系：系（系编号，系名称，系主任，电话，地点）；学生（学号，姓名，性别，入学日期，专业，系编号），则关系学生中的主键和外键分别是（　　）。

A. 学号，无　　B. 学号，系编号

C. 学号，姓名　　D. 学号，专业

92. 栈的存储空间为S(1:50)，初始状态为top=51。现经过一系列正常的入栈与退栈

操作后，top=20，则栈中的元素个数为（　　）。

A．20　　B．21　　C．30　　D．31

93. 下列叙述中正确的是（　　）。

A．有多个指针域的链表一定是非线性结构

B．有多个指针域的链表有可能是线性结构

C．只有一个根结点的数据结构一定是线性结构

D．有两个指针域的链表一定是二叉树的存储结构

94. 某二叉树共有 150 个结点，其中有 50 个度为 1 的结点，则（　　）。

A．不存在这样的二叉树　　B．该二叉树有 49 个叶子结点

C．该二叉树有 50 个叶子结点　　D．该二叉树有 51 个叶子结点

95. 循环队列的存储空间为 Q(1:50)，初始状态为 front=rear=50。经过一系列正常的入队与退队操作后，front=rear=25，此后又正常插入了一个元素，则循环队列中的元素个数为（　　）。

A．51　　B．50　　C．49　　D．1

96. 软件设计中应遵循的准则，下列描述正确的是（　　）。

A．高耦合，低内聚　　B．模块独立性仅与内聚度相关

C．高内聚，低耦合　　D．内聚与耦合无关

97. 将 C 语言的十进制整数设为整数类 I，则下面属于类 I 的实例的是（　　）。

A．0.381　　B．−381　　C．.381　　D．381E−2

98. 下面对软件测试描述正确的是（　　）。

A．可以随机地选取测试数据

B．软件测试是指动态测试

C．软件测试的目的是发现和改正错误

D．软件测试是保证软件质量的重要手段

99. 描述数据库中全体数据的全局逻辑结构和特征的是（　　）。

A．用户模式　　B．外模式　　C．概念模式　　D．内模式

100. 大学中实体班级和实体学生之间的联系是（　　）。

A．一对多　　B．多对多　　C．多对一　　D．一对一

101. 某二叉树的前序遍历序列为 ABCDE，中序遍历序列为 CBADE，则后序遍历序列为（　　）。

A．CBEDA　　B．EDABC　　C．CBADE　　D．EDCBA

102. 下列叙述中正确的是（　　）。

A．有两个指针域的链表一定是二叉树的存储结构

B．所有二叉树均不适合用顺序存储结构

C．循环队列是队列的一种存储结构

D．二分查找适用于任何存储方式的有序表

103. 下列叙述中正确的是（　　）。

A．算法设计只需考虑结果的可靠性

B．算法复杂度是用算法中指令的条数来度量的

C. 数据的存储结构会影响算法的效率

D. 算法复杂度是指算法控制结构的复杂程度

104. 循环队列的存储空间为 Q(1:40)，初始状态为 front=rear=40。经过一系列正常的入队与退队操作后，front=rear=15，此后又正常退出了一个元素，则循环队列中的元素个数为（　　）。

A. 9　　B. 39　　C. 14　　D. 16

105. 下面不属于计算机软件构成要素的是（　　）。

A. 数据　　B. 程序　　C. 开发方法　　D. 文档

106. 软件测试的目的是（　　）。

A. 发现程序中的错误　　B. 诊断和改正程序中的错误

C. 执行测试用例　　D. 发现并改正程序中的错误

107. 下面不属于需求分析阶段工作的是（　　）。

A. 需求获取　　B. 需求计划

C. 撰写软件需求规格说明书　　D. 需求分析

108. 下列关于关系模型中键（码）的描述正确的是（　　）。

A. 可以由关系中任意个属性组成

B. 至多由一个属性组成

C. 由一个或多个属性组成，其值能够唯一标识关系中一个元组

D. 关系中可以不存在键

109. 医院里有不同的科室，每名医护人员分属不同科室，则实体科室与实体医护人员之间的联系是（　　）。

A. 一对多　　B. 多对一　　C. 多对多　　D. 一对一

110. 某二叉树的中序遍历序列为 CBADE，后序遍历序列为 CBEDA，则前序遍历序列为（　　）。

A. CBEDA　　B. CBADE　　C. ABCDE　　D. EDCBA

111. 下列叙述中正确的是（　　）。

A. 没有根结点的一定是非线性结构

B. 只有一个根结点和一个叶子结点的必定是线性结构

C. 只有一个根结点的必定是线性结构或二叉树

D. 非线性结构可以为空

112. 设栈的存储空间为 S(1:60)，初始状态为 top=61。现经过一系列正常的入栈与退栈操作后，top=25，则栈中的元素个数为（　　）。

A. 36　　B. 26　　C. 25　　D. 35

113. 下列排序方法中，最坏情况下时间复杂度（即比较次数）最低的是（　　）。

A. 希尔排序　　B. 快速排序

C. 简单插入排序　　D. 冒泡排序

114. 下面不属于软件系统开发阶段任务的是（　　）。

A. 需求分析　　B. 详细设计

C. 系统维护　　D. 测试

115. 下面对“类-对象”主要特征描述正确的是（　　）。

A．类的依赖性　　B．对象一致性

C．对象无关性　　D．类的多态性

116. 数据库（DB）、数据库系统（DBS）和数据库管理系统（DBMS）之间的关系是（　　）。

A．DB 包括 DBS 和 DBMS

B．DBS 包括 DB 和 DBMS

C．DBS 就是 DB，也就是 DBMS

D．DBMS 包括 DB 和 DBS

117. 公司中有不同的部门，而每个员工分属不同的部门，则实体部门与实体员工之间的联系是（　　）。

A．一对多　　B．一对一　　C．多对多　　D．多对一

118. 下列叙述中错误的是（　　）。

A．有一个以上根结点的必定是非线性结构

B．有一个以上叶子结点的必定是非线性结构

C．非线性结构中可以没有根结点与叶子结点

D．非线性结构中至少有一个根结点

119. 某二叉树中共有 350 个结点，其中 200 个为叶子结点，则该二叉树中度为 2 的结点数为（　　）。

A．199　　B．150

C．不可能有这样的二叉树　　D．149

120. 设栈的存储空间为 S(1:50)，初始状态为 top=−1。现经过一系列正常的入栈与退栈操作后，top=30，则栈中的元素个数为（　　）。

A．31　　B．20　　C．30　　D．19

121. 结构化程序包括的基本控制结构是（　　）。

A．循环结构　　B．选择结构

C．顺序、选择和循环结构　　D．顺序结构

122. 通常软件测试实施的步骤是（　　）。

A．集成测试、确认测试、系统测试

B．单元测试、集成测试、确认测试

C．单元测试、集成测试、回归测试

D．确认测试、集成测试、单元测试

123. 下面属于系统软件的是（　　）。

A．杀毒软件　　B．编辑软件 Word

C．财务管理系统　　D．数据库管理系统

124. 数据模型的 3 个要素是（　　）。

A．实体完整性、参照完整性、用户自定义完整性

B．外模式、概念模式、内模式

C．数据结构、数据操作、数据约束

D. 数据增加、数据修改、数据查询

125. 在学校里，教师可以讲授不同的课程，同一门课程也可由不同教师讲授，则实体教师与实体课程之间的联系是（　　）。

A. 一对一　　B. 多对多　　C. 一对多　　D. 多对一

参考答案

1～5. CCACB　6～10. BABAD　11～15. ABBDB　16～20. DBBBB
21～25. DAAAC　26～30. AABCC　31～35. BCBAC　36～40. DCCDD
41～45. CBBAC　46～50. DBCCC　51～55. CBBAC　56～60. ABCCD
61～65. CCDBB　66～70. DDDAB　71～75. BCBBD　76～80. CCCDD
81～85. ACCCC　86～90. CCDCB　91～95. BDBAD　96～100. CBDCA
101～105. ACCBC　106～110. ABCAC　111～115. DAACD　116～120. BADCC
121～125. CBDCB

四、全国计算机等级考试《二级 MS Office 高级应用》操作题

（一）练习套题一

Word 字处理

张老师撰写了一篇学术论文，拟向某大学学报投稿，发表之前需要根据学报要求完成论文样式排版。根据考生文件夹下“Word 素材.docx”完成排版工作，具体要求如下：

1. 在考生文件夹下，将“Word 素材.docx”另存为“Word.docx”（.docx 为扩展名），后续操作均基于此文件，否则不得分。

2. 设置论文页面为 A4 幅面，页面上、下边距分别为 3.5 厘米和 2.2 厘米，左、右边距为 2.5 厘米。论文页面只指定行网格（每页 42 行），页脚距边界 1.4 厘米，在页脚居中位置设置论文页码。该论文最终排版不超过 5 页，可参考考生文件夹下的“论文正样 1.jpg”～“论文正样 5.jpg”示例。

3. 将论文中不同颜色的文字设置为标题格式，要求如下表。设置完成后，需将最后一页的“参考文献”段落设置为无多级编号。

文字颜色	样式	字号	字体颜色	字体	对齐方式	段落行距	段落间距	大纲级别	多级项目编号格式
红色文字	标题 1	三号	黑色	黑体	居中			1 级	
黄色文字	标题 2	四号			左对齐	最小值 30 磅		2 级	1、2、3、…
蓝色文字	标题 3	五号			左对齐	最小值 18 磅	段前 3 磅 段后 3 磅	3 级	2.1、2.2、…、3.1、3.2、…

4. 依据下图“论文正样 1_格式.jpg”中的标注提示，设置论文正文前的段落和文字格式，并参考“论文正样 1.jpg”示例，将作者姓名后面的数字和作者单位前面的数字（含中文、英文两部分），设置正确的格式。

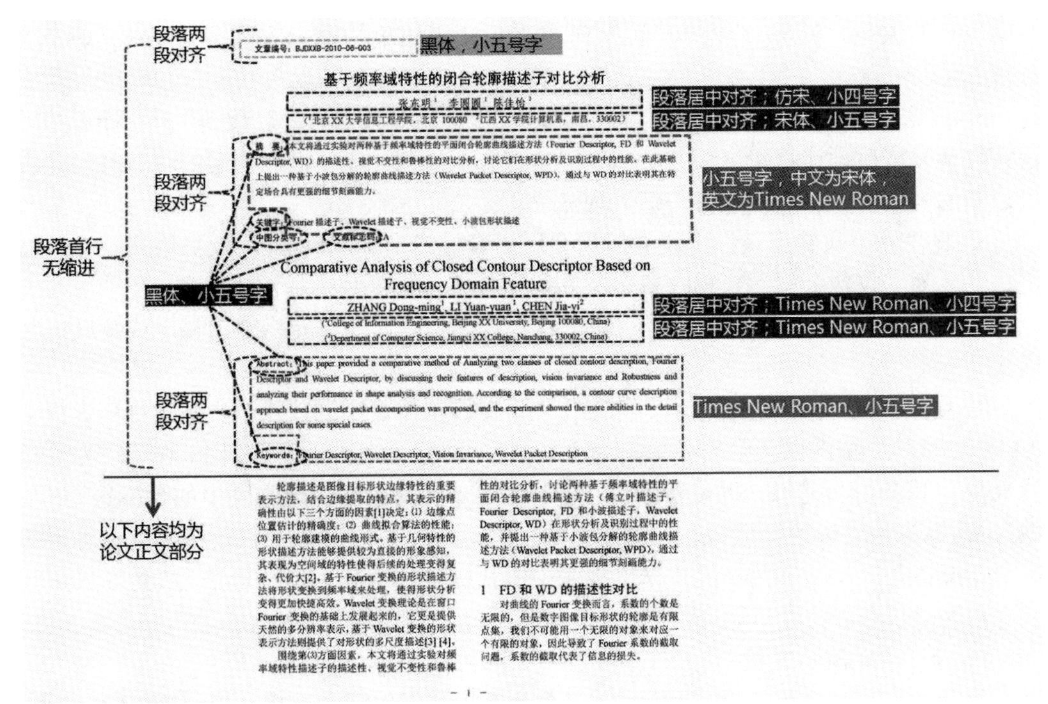

5. 设置论文正文部分的页面布局为对称 2 栏，并设置正文段落（不含图、表、独立成行的公式）字号为五号，中文字体为宋体，西文字体为 Times New Roman，段落首行缩进 2 字符，行距为单倍行距。

6. 设置正文中的“表 1”“表 2”与对应表格标题的交叉引用关系（注意：“表 1”“表 2”的“表”字与数字之间没有空格），并设置表注字号为小五号，中文字体为黑体，西文字体为 Times New Roman，段落居中。

7. 设置正文部分的图注字号为小五号，中文字体为宋体，西文字体为 Times New Roman，段落居中。

8. 设置参考文献列表文字字号为小五号，中文字体为宋体，西文字体为 Times New Roman；并为其设置项目编号，编号格式为“[序号]”。

Excel 电子表格

某停车场计划调整收费标准，拟从原来“不足 15 分钟按 15 分钟收费”调整为“不足 15 分钟部分不收费”的收费政策。市场部抽取了历史停车收费记录，期望通过分析掌握该政策调整后对营业额的影响。根据考生文件夹下“Excel 素材.xlsx”文件中的数据信息，帮助市场分析员完成此项工作，具体要求如下：

1. 在考生文件夹下，将“Excel 素材.xlsx”文件另存为“Excel.xlsx”（.xlsx 为扩展名），后续操作均基于此文件，否则不得分。

2. 在“停车收费记录”工作表中，涉及金额的单元格均设置为带货币符号（¥）的会计专用类型格式，并保留 2 位小数。

3. 参考“收费标准”工作表，利用公式将收费标准金额填入“停车收费记录”工作表的“收费标准”列。

4. 利用“停车收费记录”工作表中“出场日期”“出场时间”与“进场日期”“进场

时间”列的关系，计算“停放时间”列，该列计算结果的显示方式为“XX 小时 XX 分钟”。

5. 依据停放时间和收费标准，计算当前收费金额并填入“收费金额”列；计算拟采用新收费政策后预计收费金额并填入“拟收费金额”列；计算拟调整后的收费与当前收费之间的差值，并填入“收费差值”列。

6. 将“停车收费记录”工作表数据套用“表样式中等深浅 12”表格格式，并添加汇总行，为“收费金额”、“拟收费金额”和“收费差值”列进行汇总求和。

7. 在“收费金额”列中，将单次停车收费达到 100 元的单元格突出显示为黄底红字格式。

8. 新建名为“数据透视分析”的工作表，在该工作表中创建 3 个数据透视表。位于 A3 单元格的数据透视表中的行标签为“车型”，列标签为“进场日期”，求和项为“收费金额”，以分析当前每天的收费情况；位于 A11 单元格的数据透视表中的行标签为“车型”，列标签为“进场日期”，求和项为“拟收费金额”，以分析调整收费标准后每天的收费情况；位于 A19 单元格的数据透视表中的行标签为“车型”，列标签为“进场日期”，求和项为“收费差值”，以分析调整收费标准后每天的收费变化情况。

PowerPoint 演示文稿

李老师希望制作一个关于“天河二号”超级计算机的演示文档，用于拓展学生课堂知识。根据考生文件夹下“PPT 素材.docx”及相关图片文件素材，帮助李老师完成此项工作，具体要求如下：

1. 在考生文件夹下，创建一个名为“PPT.pptx”的演示文稿（.pptx 为扩展名），并应用一个色彩合理、美观大方的设计主题，后续操作均基于此文件，否则不得分。

2. 第 1 张幻灯片为标题幻灯片，标题为“天河二号超级计算机”，副标题为“——2014 年再登世界超算榜首”。

3. 第 2 张幻灯片应用“两栏内容”版式，左边一栏为文字，右边一栏为图片，图片为素材文件“Image1.jpg”。

4. 第 3～7 张幻灯片均为“标题和内容”版式，“PPT 素材.docx”文件中的黄底文字即为相应幻灯片的标题文字。将第 4 张幻灯片的内容设置为“垂直块列表”SmartArt 图形对象，“PPT 素材.docx”文件中红色文字为 SmartArt 图形对象一级内容，蓝色文字为 SmartArt 图形对象二级内容。为该 SmartArt 图形设置组合图形“逐个”播放动画效果，并将动画的开始时间设置为“上一动画之后”。

5. 利用相册功能为考生文件夹下的“Image2.jpg”～“Image9.jpg”8 张图片创建相册幻灯片，要求每张幻灯片 4 张图片，相框的形状为“居中矩形阴影”，相册标题为“六、图片欣赏”。将该相册中的所有幻灯片复制到“天河二号超级计算机.pptx”文档的第 8～10 张。

6. 将演示文稿分为 4 节，节名依次为“标题”（该节包含第 1 张幻灯片）、“概况”（该节包含第 2～3 张幻灯片）、“特点、参数等”（该节包含第 4～7 张幻灯片）、“图片欣赏”（该节包含第 8～10 张幻灯片）。每节的幻灯片均为同一种切换方式，节与节的幻灯片切换方式不同。

7. 除标题幻灯片外，其他幻灯片均包含页脚且显示幻灯片编号。所有幻灯片中除了标题和副标题，其他文字字体均设置为“微软雅黑”。

8. 设置该演示文档为循环放映方式，若不单击鼠标，则每页幻灯片放映 10 秒钟后自动切换至下一张。

（二）练习套题二

Word 字处理

某单位财务处请小张设计“经费联审结算单”模板，以提高日常报账和结算单审核效率。请根据考生文件夹下“Word 素材 1.docx”和“Word 素材 2.xlsx”文件完成制作任务，具体要求如下：

1. 在考生文件夹下，将素材文件“Word 素材 1.docx”另存为“Word.docx”（.docx 为扩展名），后续操作均基于此文件，否则不得分。

2. 将页面设置为 A4 幅面、横向，页边距均为 1 厘米。设置页面为两栏，栏间距为 2 字符，其中左栏内容为“经费联审结算单”表格，右栏内容为《××研究所科研经费报账须知》文字，要求左右两栏内容不跨栏、不跨页。

3. 设置“经费联审结算单”表格整体居中，所有单元格内容垂直居中对齐。参考考生文件夹下“结算单样例.jpg”所示，适当调整表格的行高和列宽，其中两个“意见”行的行高不低于 2.5 厘米，其余各行行高不低于 0.9 厘米。设置单元格的边框，细线宽度为 0.5 磅，粗线宽度为 1.5 磅。

4. 设置“经费联审结算单”标题（表格第一行）水平居中，字体为小二、华文中宋，其他单元格中已有文字字体均为小四、仿宋、加粗；除“单位：”为左对齐外，其余含有文字的单元格均为居中对齐。表格第二行的最后一个空白单元格填写填报日期，字体为四号、楷体，并右对齐；其他空白单元格格式均为四号、楷体、左对齐。

5.“××研究所科研经费报账须知”以文本框形式实现，其文字的显示方向与“经费联审结算单”相比，逆时针旋转 90°。

6. 设置“××研究所科研经费报账须知”的第一行格式为小三、黑体、加粗，居中；第二行格式为小四、黑体，居中；其余内容为小四、仿宋，两端对齐、首行缩进 2 字符。

7. 将“科研经费报账基本流程”中的 4 个步骤改用“垂直流程”SmartArt 图形显示，颜色为“强调文字颜色 1”，样式为“简单填充”。

8.“Word 素材 2.xlsx”文件中包含了报账单据信息，需使用“Word.docx”自动批量生成所有结算单。其中，对于结算金额为 5000（含）元以下的单据，“经办单位意见”栏填写“同意，送财务审核。”；否则填写“情况属实，拟同意，请所领导审批。”。另外，因结算金额低于 500 元的单据不再单独审核，需在批量生成结算单据时将这些单据记录自动跳过。生成的批量单据存放在考生文件夹下，以“批量结算单.docx”命名。

Excel 电子表格

滨海市对重点中学组织了一次物理统考，并生成了所有考生和每一个题目的得分。市教委要求小罗老师根据已有数据，统计分析各学校及班级的考试情况。请根据考生文件夹下“Excel 素材.xlsx”中的数据，帮助小罗完成此项工作。具体要求如下：

1. 在考生文件夹下，将“Excel 素材.xlsx”另存为“Excel.xlsx”文件（.xlsx 为扩展名），后续操作均基于此文件，否则不得分。

2. 利用“成绩单”、“小分统计”和“分值表”工作表中的数据，完成“按班级汇总”和“按学校汇总”工作表中相应空白列的数值计算。具体提示如下：

1）“考试学生数”列必须利用公式计算，“平均分”列由“成绩单”工作表数据计算得出。

2）“分值表”工作表中给出了本次考试各题的类型及分值。（备注：本次考试一共50道小题，其中1～40为客观题，41～50为主观题。）

3）“小分统计”工作表中包含了各班级每一道小题的平均得分，通过其可计算出各班级的“客观题平均分”和“主观题平均分”。（备注：由于系统生成每题平均得分时已经进行了四舍五入操作，因此通过其计算“客观题平均分”和“主观题平均分”之和时，可能与根据“成绩单”工作表的计算结果存在一定误差。）

4）利用公式计算“按学校汇总”工作表中的“客观题平均分”和“主观题平均分”，计算方法为每个学校的所有班级相应平均分乘以对应班级人数，相加后再除以该校的总考生数。

5）计算“按学校汇总”工作表中的每题得分率，即每个学校所有学生在该题上的得分之和除以该校总考生数，再除以该题的分值。

6）所有工作表中“考试学生数”“最高分”“最低分”显示为整数；各类平均分显示为数值格式，并保留2位小数；各题得分率显示为百分比数据格式，并保留2位小数。

3. 新建“按学校汇总2”工作表，将“按学校汇总”工作表中所有单元格数值转置复制到新工作表中。

4. 将“按学校汇总2”工作表中的内容套用表格样式为“表样式中等深浅12”；将得分率低于80%的单元格标记为“浅红填充色深红色文本”格式，将介于80%和90%之间的单元格标记为“黄填充色深黄色文本”格式。

PowerPoint 演示文稿

第十二届全国人民代表大会第三次会议政府工作报告中看点众多，精彩纷呈。为了更好地宣传大会精神，新闻编辑小王需制作一个演示文稿。请根据考生文件夹下的“PPT素材.docx”及相关图片文件完成制作任务，具体要求如下：

1. 演示文稿共包含8张幻灯片，分为5节，节名分别为“标题、第一节、第二节、第三节、致谢”，各节所包含的幻灯片页数分别为1、2、3、1、1张；每一节的幻灯片设为同一种切换方式，节与节之间的幻灯片切换方式均不同；设置幻灯片主题为“角度”。在考生文件夹下，将演示文稿保存为“PPT.pptx”（.pptx为扩展名），后续操作均基于此文件，否则不得分。

2. 第1张幻灯片为标题幻灯片，标题为“图解今年施政要点”，字号不小于40；副标题为“2015年两会特别策划”，字号为20。

3. “第一节”下的两张幻灯片标题为“一、经济”，展示考生文件夹下Eco1.jpg～Eco6.jpg的图片内容，每张幻灯片包含3幅图片，图片在锁定纵横比的情况下高度不低于125px；设置第1张幻灯片中3幅图片的样式为“剪裁对角线，白色”，第2张中3幅图片的样式为“棱台矩形”；设置每幅图片的进入动画效果为“上一动画之后”。

4. “第二节”下的3张幻灯片，标题为“二、民生”，其中第1张幻灯片内容为考生文件夹下Ms1.jpg～Ms6.jpg的图片，图片大小设置为100px（高）*150px（宽），样式为“居中矩形阴影”，每幅图片的进入动画效果为“上一动画之后”；在第 2、3 张幻灯片中，利用“垂直图片列表”SmartArt 图形展示“三、演示文稿素材.docx”中的“养老金”到“环境保护”7 个要点，图片对应 Icon1.jpg～Icon7.jpg，每个要点的文字内容有两级，对应关系与素材保持一致。要求第 2 张幻灯片展示 3 个要点，第 3 张展示 4 个要点；设置 SmartArt 图形的进入动画效果为“逐个”“与上一动画同时”。

5.“第三节”下的幻灯片，标题为“三、政府工作需要把握的要点”，内容为“垂直框列表”SmartArt 图形，对应文字参考考生文件夹下“PPT 素材.docx”。设置 SmartArt 图形的进入动画效果为“逐个”“与上一动画同时”。

6.“致谢”节下的幻灯片，标题为“谢谢!”，内容为考生文件夹下的“End.jpg”图片，图片样式为“映像圆角矩形”。

7. 除标题幻灯片外，在其他幻灯片的页脚处显示页码。

8. 设置幻灯片为循环放映方式，每张幻灯片的自动切换时间为 10 秒。

参考答案

详细操作请参见：实验 5　Word 2010 编辑和排版实验
实验 6　Excel 2010 电子表格实验
实验 7　PowerPoint 2010 演示文稿实验

第3章　主教材习题参考答案

习　题　1

1. 为什么计算科学应该长期置于国家科学与技术领域中心的领导地位？

2005年6月，由美国总统信息技术咨询委员会提交的“计算科学：确保美国竞争力”报告中，再次将计算科学提升到国家核心科技竞争力的高度。报告认为，虽然计算本身也是一门学科，但是其具有促进其他学科发展的作用。21世纪科学上最重要的、经济上最有前途的前沿研究都有可能利用先进的计算技术和计算科学而得以解决。报告强调，美国目前还没有认识到计算科学在社会科学、生物医学、工程研究、国家安全及工业改革中的中心位置，这种认识不足将危及美国的科学领先地位、经济竞争力及国家安全。报告建议，应将计算科学长期置于国家科学与技术领域中心的领导地位。

2. 什么是计算机科学？怎么理解计算机科学的奇妙之处？

计算机科学是研究计算过程的科学。计算过程是信息变换过程，是通过操作数字符号变换信息的过程，涉及信息在时间、空间、语义层面的变化。

计算机科学包括3个奇妙之处：指数之妙、模拟之妙、虚拟之妙。

计算机科学领域有别于其他学科的一个重要特征是利用并应对指数增长（如摩尔定律，即集成在一个芯片上的晶体管数随时间指数增长），即假设产业（问题、需求、技术能力）指数会增长，充满信心地、面向未来作研究和创新，而不是局限于今天的问题，被今天的技术和需求所限制。

计算机模拟也称仿真，是指使用计算机模仿现实世界（物理世界和人类社会）中的真实系统随时间演变的过程。计算机通过执行计算过程，求解表示真实系统的数学模型和其他模型，产生模拟结果。计算机可以模拟物理世界和人类社会中的各种事物和过程，用较低的成本重现物理现象和社会现象，甚至让人们可以“看见”原来看不见的事物，做出原来做不到的事情。计算机模拟可用于经济分析、金融推荐、汽车碰撞、飞机设计、核武器仿真、新材料发现、基因测序、新药研制等方面。

计算世界是人创造的，可由设计者定义并控制。这使得人们能够在计算的虚拟世界中，不仅重现现实世界，还可以创造出与现实世界平行甚至现实世界没有的东西。在计算的虚拟世界中，很多现实世界的元素都可以被虚拟化，包括虚拟时间、虚拟空间、虚拟主体、虚拟物体、虚拟过程，甚至整个的虚拟位面和虚拟世界。

3. 什么是计算思维？计算思维有哪些具体表现形式？

目前国际上广泛使用的计算思维概念是由美国卡内基•梅隆大学周以真教授提出的。计算思维是运用计算机科学的基础概念去求解问题、设计系统和理解人类行为。

计算思维的具体表现形式主要有逻辑思维、算法思维、网络思维和系统思维。

4. 怎么理解计算思维的本质？

计算思维的本质是抽象和自动化，前者对应建模，后者对应模拟。抽象就是忽略一个主题中与当前问题（或目标）无关的那些方面，以便更充分地注意与当前问题（或目标）有关的方面。在计算机科学中，抽象是种被广泛使用的思维方法。计算思维中的抽象完全超越物理的时空观，并完全用符号表示，最终目的是能够机械地一步步自动执行抽象出来的模型，以求解问题、设计系统和理解人类行为。计算思维的本质反映了计算的根本问题，即什么能被有效地自动执行。用一句话总结：计算是抽象的自动执行，自动化需要某种计算装置去解释抽象。

在现实中无论遇到哪个学科的可计算问题，都可以通过抽象出数学模型，确定适当的计算策略，选取合适的算法，通过计算机自动化运行来解决。

5. 计算和计算思维已经广泛地应用在各个领域的问题求解中，请列举几个与计算有关的交叉学科，请以某学科为例说明怎么理解跨学科问题的求解。

计算生物学、计算化学、计算经济学、计算机艺术等交叉学科。

例如，计算经济学。计算经济学是将计算机作为工具，研究人和社会经济行为的社会科学。研究算法博弈论的基本原理、拍卖、采购机制设计、区块链及分布式商业等方向。算法博弈论研究博弈论和经济学中的计算问题，包括各种均衡（如 Nash 均衡、市场均衡等）的计算复杂性问题、优化问题、合作博弈和利益再分配、商品定价等。机制设计归根结底也是算法问题，现实中的案例包括搜索引擎网址排序、淘宝卖家排序等。总的来说，在市场行为、交通道路设计、导航问题、在线广告拍卖、选举等方面，算法博弈论都能发挥作用。

习　题　2

1. 将十进制数 100 转换成二进制数和十六进制数。

$(100)_{10}=(1100100)_2=(64)_{16}$

2. 假设计算机的机器数为 8 位，请写出-100 的原码、反码和补码。

$[-100]_{原}=11100100$　　$[-100]_{反}=10011011$　　$[-100]_{补}=10011100$

3. 请给出“A”、“a”、“1”和空格的 ASCII 码值（十六进制表示）。

41H、61H、31H、20H

4. 显示器采用 RGB 模型，打印机采用 CMYK 模型，请说明原理。

在不同的应用场合，需要使用不同的描述颜色的量化方法，这便是颜色模型。例如，显示器采用 RGB 模型，打印机采用 CMYK 模型，从事艺术绘画的人习惯使用 HSB 模型等。在一个多媒体计算机系统中，常常涉及使用几种不同的颜色模型表示图像的颜色，数字图像的生成、存储、处理及输出时，对应不同的颜色模型需要做不同的处理和转换。

RGB 加色模型：采用红、绿、蓝 3 种颜色的不同比例混合来产生颜色的模型称为 RGB 模型。RGB 颜色模型通常用于电视机和显示器使用的阴极射线管 CRT。R、G、B 分别指定了红色、绿色和蓝色的值，调节其数值可以合成多种颜色。通常，R、G、B 字节分别用一个字节表示，因而其可以表达的数值范围是 0～255。例如，（255，0，0）是纯红，（0，255，0）是纯绿，（0，0，255）是纯蓝，（0，0，0）是纯黑。RGB 模型

可以表示 256^3=16777216 种不同的颜色，被称为真彩色。

CMYK 减色模型：CMYK 模型采用青色、品红和黄色 3 种基本颜色按照一定比例合成颜色。CMYK 模型通常用于彩色打印机和彩色印刷系统。用于印刷的油墨吸收特定的颜色而对其他颜色是透明的，组合不同的油墨，打印出所需要的领色。

C：青色油墨——吸收红色光（白色背景下不会显示红色）；

M：洋红色油墨——吸收绿色光；

Y：黄色油墨——吸收蓝色光；

K：黑色油墨——降低整体的反光效果以产生灰色和黑色。

一个 RGB 图像需要打印输出时，会自动转换成 CMYK 模型，每种成分值的范围是从 0（没有）到 1（全满）。

5. 请说明数据压缩的原因，并写出常见的数据压缩方法。

多媒体中涉及大量的图像、语音、动画、视频等信息，经数字化处理后的数据量较大，只有采取数据压缩技术才能有效地保存和传送这些数据。

数据压缩主要有两种方法：无损压缩和有损压缩。

无损压缩也称为冗余压缩或无失真压缩，无损压缩可以去掉或者减少数据中的冗余，但这些冗余数据可以使用特定的方法重新插入数据。无损压缩是可逆的，它能保证百分之百地恢复原始数据。无损压缩比较小，广泛应用于文本数据、程序和应用场合图像数据的压缩。

有损压缩利用人类视觉和听觉器官对图像或声音中的某些成分不敏感的特性，允许在压缩过程中损失一定的信息以减少数据量。由于信息量减少了，所以压缩比很高，有损压缩广泛用于音频、视频数据的压缩中。

习　题　3

1. 计算学科主要有哪些基本问题？计算学科的根本问题是什么？

计算学科的基本问题主要有可计算性、复杂度、并发控制、计算机智能等问题。计算学科的根本问题是“什么能且如何实现有效地自动计算”。

2. 请说明计算机求解问题的概念模型。

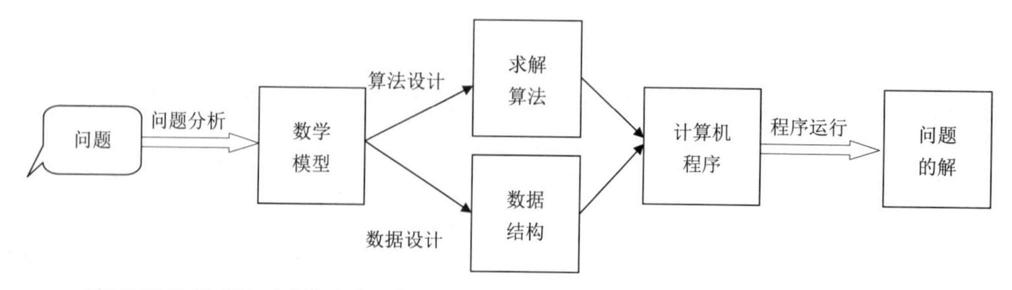

3. 请说明算法类问题的求解过程。

算法类问题求解过程主要包括分析问题（确定计算机做什么），建立模型（将原始问题转化为数学模型或模拟数学模型），算法设计（描述解决问题的途径和方法），编写程序（将算法翻译成计算机程序设计语言），调试测试（通过各种数据改正程序中的错误）。

4. 算法分析的两个主要方面是什么？

算法分析是指算法的效率分析，主要从算法的运行时间和算法所需的存储空间两个方面来衡量。算法时间消耗的多少用算法的时间复杂度表示，存储空间的耗费用空间复杂度表示。

5. 在很多情况下，递归是一种思考方式，可以为解决问题提供很好的模式。对于一个需要解决的问题，可以从哪两个方面考虑递归是否适用？

对于一个需要解决的问题，可以从以下两个方面考虑递归是否适用。

1）当问题很小的时候，是否有一个解决方法。

2）如果问题不小时，是否可以将其分解成性质相同的小问题，并且这些小问题的解决方法组合起来就可以解决原问题。

如果对于这两个方面的回答是肯定的，那么就已经有了一个递归解决方案。递归算法通常描述为一个直接或间接调用自己的函数。

6. 请说明贪心算法的基本思想。

贪心算法又称贪婪算法，是指在对问题求解时，总是做出在当前看来是最好的选择。也就是说，不从整体最优上加以考虑，它所做出的仅是在某种意义上的局部最优解。贪心算法不是对所有问题都能得到整体最优解，但对范围相当广泛的许多问题，它能产生整体最优解或者是整体最优解的近似解。

7. 搜索问题通常称为查找或检索，它是指在一个给定的数据结构中查找某一个指定的元素。查找的效率将直接影响数据处理的效率。根据不同的数据结构应该使用不同的查找方法。常用的查找方法有哪些？请详细说明。

常用的查找方法有顺序查找和二分查找。

顺序查找一般用来在线性表中查找指定的元素。具体方法是：从线性表的第 1 个元素开始，依次将线性表中的元素与被查元素进行比较，若相等则表示查找成功，否则查找失败。对于大的线性表来说，顺序查找的效率很低。虽然效率不高，但是对于无序线性表或者采用链式存储结构的有序线性表，必须使用顺序查找。

当有序线性表为顺序存储时才能采用二分查找。二分查找是一个典型的分治算法，是一个高效率的查找算法，用于在 n 个元素的有序序列中查找指定元素 e。

对于长度为 n 的有序线性表，在最坏情况下，使用二分查找只需比较 $\text{lb}n$ 次，而顺序查找需要比较 n 次。

8. 什么是数据结构？常用的数据结构有哪些？

数据结构是指相互之间存在一种或多种特定关系的数据元素的集合，即数据的组织形式。常见的数据结构有线性表、栈、队列、树结构和图结构。

9. 假设用户在 1 日、3 日、5 日工作日分别存入互联网金融（假设是某宝）3 笔资金，每笔资金均为 10000 元。5 日用户急需用钱，需要取出 8000 元。若取出的是 1 日存入的资金，则某宝官方采取了数据结构中的什么策略？若取出的是 5 日存入的资金，则某宝官方采取了数据结构中的什么策略？哪种策略对某宝官方更有利？

如果取出的是 1 日存入的资金，则某宝官方采取队列的“先进先出”策略。如果取出的是 5 日存入的资金，则某宝官方采取栈的“后进先出”策略。“先进先出”策略对某宝官方有利，可使收益最大化。

习 题 4

1. 请说明系统科学中为什么要引入层次结构的概念？层级结构的主要内容是什么？

系统的层次性及不同层次上的组织原理，是使系统涌现出系统特性的关键。层次划分是系统论的核心观点。层次结构是系统思想的不可缺少的重要内容。在某种意义上讲，层次是系统观的整个体系中的一个视角、一个侧面，是划分系统结构的重要工具，也是结构分析的主要方式。

层级结构的主要内容是明确各级子系统和系统要素处在哪一个层次上，分析是否划分层次、划分了哪些层次、各层次的内容、层次之间的关系，以及层次划分的原则，确定系统内高层次包含和支配低层次关系，以及系统内低层次隶属和支持高层次关系。

2. 系统 X 具有 3 个可能状态，系统 Y 具有 4 个可能状态，根据信息论的观点，请写出组合系统的复杂度。

$\lg_2(3\times4)\approx3.6$

3. 图灵测试是如何从哲学的角度反映人工智能本质特征的？

“图灵测试”试图给出一个确定人工智能，与人类智能同一性的方法。“图灵测试”不要求接受测试的思维机器在内部构造上与人脑一样，它只是从功能的角度来判定机器是否能思维，也就是从行为主义这个角度来对“机器思维”进行定义。尽管图灵对“机器思维”的定义不够严谨，但它关于“机器思维”定义的开创性工作对后人的研究具有重要意义。因此，一些学者认为，图灵发表的关于“图灵测试”的论文，标志着现代机器思维问题讨论的开始。

4. 请说明冯•诺依曼机的思想和工作原理。

冯•诺依曼机的主要思想是存储程序和程序控制。采用二进制形式表示计算机的指令和数据。冯•诺依曼机由 5 个基本部分组成：运算器、控制器、存储器、输入设备和输出设备。其工作原理是：程序由指令组成，并和数据一起存放在存储器中，计算机一经启动，就能按照程序指定的逻辑顺序把指令从存储器中读取并逐条执行，自动完成指令规定的操作。

5. 请举例说明系统科学中子系统理论在计算机科学中的应用。

子系统是具有一定功能的系统，和通常说的“模块”概念类似。计算机科学中，如对于一个学生管理系统来说，可以有“学籍管理子系统”“学生管理子系统”“课程管理子系统”“教师管理子系统”等，这些子系统是完成学生管理任务的一个相对完整的功能的结合，是学生管理系统中的若干“模块”。

6. 以汇编语言到高级语言的演进过程为例，说明采用了什么方法来控制和降低复杂性。

系统科学的主要方法之一是系统的划分。分层方法将系统表示为各级子系统的层次结构形式，在每个层次上定义相对独立的概念和方法，并给出相邻层之间的关系。计算机语言就“如何表达，计算机才能理解人的意图”的问题划分了 3 个层次，即机器语言、汇编语言和高级语言，通过与编译器的协同，实现了一套用类似于自然语言方式实现人机交互的层次解决方案。第一层是计算机能理解的机器语言。第二层是人能方便记忆和书写的汇编语言。虽然用汇编语言编程序比用机器语言编写程序方便，但仍有许多不方便之处，因此有了第三层。第三层是能力更强且更方便的高级语言。这三层语言以编译器为纽带，汇编语言编写的源程序通过编译器（汇编程序）转换成机器语言能理解的目标程序；高级语言编写的源程序通过编译器转换成汇编语言，再将汇编程序翻译成目标程序。

7. 两辆车对向行驶，在一个只能通过一辆车的桥上相遇，都不肯倒退，这种对峙状态类似于进程的什么状态？如何预防和解决此种状态？

这是一种死锁状态。死锁是多个进程因竞争资源而造成的一种僵局，若无外力干预，这些进程将永远不能继续运行。确定这些死锁必要条件的意义在于只要其中任何一个条件不成立，就可以避免死锁。

1）互斥条件：存在对不可共享资源的竞争。

2）请求和保持条件：一个进程接受了某些资源后，稍后还将请求其他的资源。

3）不剥夺条件：进程已获得的资源，在使用完之前，不被外力剥夺。

4）环路等待条件：进程推进顺序不当，出现互相等待其他进程已获得资源。

通过下述措施可预防死锁的发生。例如，一次将资源全部分配，或者当请求的资源得不到满足时，释放已分配的资源，或者对资源的申请必须按一定顺序进行。

将不可共享的资源转变为可共享的资源也是解决死锁问题的方法之一。

8. 请说明软件生命周期及其 3 个阶段。对于前期需求不明确，而又很难短时间明确清楚的项目，采用瀑布模型还是敏捷模型？

软件产品从提出、实现、使用维护到停止使用退役的过程称为软件生命周期。软件生命周期包括软件定义、软件开发和软件维护 3 个时期。瀑布模型的优点是可以保证整个软件产品较高的质量，保证缺陷能够提前被发现和解决，但对于前期需求不明确，而又很难短时间明确清楚的项目，则很难很好地利用瀑布模型；敏捷的目的是减少繁重和不必要的工件输出，提高效率，敏捷开发不必要对这个系统进行过分的建模，只要基于现有的需求进行建模，日后需求有变更时，再来重构这个系统，尽可能地保持模型的简单。因此，对于前期需求不明确，而又很难短时间明确清楚的项目，可采用敏捷模型。

9. 了解了 C/S 结构和 B/S 结构及它们之间的差异，请举例说明常用应用软件属于哪种体系结构？例如，微信、淘宝网、Word、Excel、百度网盘。

C/S 结构将程序分为两部分：客户机程序装载在分布在不同地点的客户机上；服务器程序装载在集中管理的服务器上。B/S 结构，将客户机/服务器的客户机程序转移至服务器端，从而使分布在不同地点的客户机，不需要装载任何与业务相关的程序，而只需一个通用的 Internet 浏览器即可。典型的 C/S 结构软件有 Word、Excel、PowerPoint。属于 B/S 结构的软件有微信、QQ、淘宝网、百度网盘等。以微信为例，微信平台属于服务器，瘦客户端模式，该模式降低了客户端系统的开销，而后台系统将承受巨大的并发访问吞吐量、存储、内存、CPU 等开销。虽然微信有客户端，但是微信还是属于 B/S 模式。

10. 数据库领域常用的逻辑数据模型有哪些？请说明关系数据库的特点。

数据库领域中使用的逻辑模型有层次模型、网状模型和关系模型。关系型数据库的主要特征如下。

1）数据集中控制，可以集中控制、维护和管理有关数据。

2）数据独立，数据库中的数据独立于应用程序，包括数据的物理独立性和逻辑独立性。

3）数据共享，数据库中的数据可以供多个用户使用，用户数据可以重叠。

4）减少数据冗余，数据统一定义、组织和存储，集中管理，避免了不必要的数据冗余。

5）数据结构化，整个数据库按一定的结构形式构成，数据在记录内部和记录类型之间相互关联。

6）统一的数据保护功能，以确保数据的安全性、一致性和并发控制。

11. 什么是网络的拓扑结构？常见的拓扑结构类型有哪些？

计算机网络的拓扑结构是计算机网络上各结点（分布在不同地理位置上的计算机设备及其他设备）和通信链路所构成的几何形状。常见的拓扑结构有五种：总线型、星形、环形、树形和网状。

12. 请说明 WLAN 无线局域网和 Wi-Fi 技术之间的关系。

无线本地网络（WLAN）技术，可以使用户在本地创建无线连接（例如，在公司或校园大楼里，或在公共场所，如机场）。

在 WLAN 无线局域网，采用 Wi-Fi 技术。所谓 Wi-Fi，其实就是 IEEE 802.11b 的别称，是由一个名为“无线以太网相容联盟”的组织发布的业界术语，中文译为“无线相容认证”。它是一种短程无线传输技术，能够在几十米范围内支持互联网接入的无线电信号。

13. 请说明 IPv6 相对于 IPv4 的优势。

近十年来由于互联网的蓬勃发展，IP 位址的需求量愈来愈大，使得 IP 位址的发放愈趋严格。

IPv6 地址容量大大扩展，由原来的 32 位扩充到 128 位，彻底解决 IPv4 地址不足的问题；支持分层地址结构，从而更易于寻址；扩展支持组播和任意播地址，这使得数据包可以发送给任何一个或一组结点。大容量的地址空间能够真正地实现无状态地址自动配置，使 IPv6 终端能够快速连接到网络上，无须人工配置，实现了真正的即插即用。IPv4 在数据传输过程中是不加密的，这就带来了很大的安全隐患，而 IPv6 把 IPSec 作为必备协议，保证了网络层端到端通信的完整性和机密性。IPv6 在移动网络和实时通信方面有很多改进。

14. 请说明 IP 地址、域名和 DNS 之间的关系。

在 Internet 上的每一台主机都有一个与其他任何主机不重复的地址称为 IP 地址。每个 IP 地址用 32 位二进制数表示，为了记忆，实际使用 IP 地址时，将二进制数用十进制数来表示。例如，可以用 203.98.97.143 表示网络中某台主机的 IP 地址。

人们习惯用字符给网上设备命名，这个名称由许多域组成，域与域之间用小数点分开。如哈尔滨商业大学校园网域名为 www.hrbcu.edu.cn。

在使用域名查找网上设备时，需要有一个服务器将域名翻译成 IP 地址，这个服务器由域名服务系统 DNS 来承担，它可以根据输入的域名来查找相对应的 IP 地址，如果在本服务系统中没找到，再到其他服务系统中去查找。

15. 从信息世界的角度，请说明物联网、云计算、大数据和人工智能的内在关系。

物联网是数据获取的基础，云计算是数据存储的核心，大数据是数据分析的利器，人工智能是反馈控制的关键。物联网、云计算、大数据和人工智能构成了一个完整的闭环控制系统，将物理世界和信息世界有机融合。

16. 网络安全面临的威胁和挑战有哪些？

首先网络安全关系国家安全，主要表现在重要信息基础设施的安全威胁日益加剧，针对工业控制系统的网络攻击数量增多，手机等移动设备面临一定安全威胁，社交媒体对网络安全环境影响愈加明显，国家参与的网络战开始显现且威力巨大。另外，网络空间安全与每个人息息相关，互联网已经渗透到了人们工作、学习、生活的方方面面，在网络带来便利的同时，网络诈骗、信息泄露、网络谣言等新的网络问题不断出现，需要不断提高网络空间安全意识，学习和掌握网络安全的知识和技能，以应对网络安全的威胁与挑战。

17. 简述对称密码和非对称密码的区别。

名称	一般要求	安全性要求
对称密码	① 加密和解密使用相同的密钥 ② 收发双方必须共享密钥	① 密钥必须是保密的 ② 若没有其他信息，则解密消息是不可能或至少是不可行的 ③ 知道算法和若干密文不足以确定密钥
非对称密码	① 同一算法用于加密和解密，但加密和解密使用不同的密钥 ② 发送方拥有加密或解密密钥，而接收方拥有另一密钥	① 两个密钥之一必须是保密的 ② 若没有其他信息，则解密消息是不可能或至少是不可行的 ③ 知道算法和其中一个密钥以及若干密文不足以确定另一密钥

18. 什么是计算机病毒？如何防治？

计算机病毒是编制者在计算机程序中插入的破坏计算机功能或者破坏数据，影响计算机使用并且能够自我复制的一组计算机指令或者程序代码。

对于计算机病毒，需要树立以防为主、以清除为辅的观念，防患于未然。可以从以下几个方面来进行有效地防治。

1）定期对重要的资料和系统文件进行备份，数据备份是保证数据安全的重要手段；

2）尽量使用本地硬盘启动计算机，避免使用U盘、移动硬盘或其他移动存储设备启动，同时尽量避免在无防毒措施的计算机上使用可移动的存储设备；

3）可以将某些重要文件设置为只读属性，以避免病毒的寄生和入侵；

4）重要部门的计算机，尽量专机专用与外界隔绝；

5）安装新软件前，先用杀毒程序检查，减少中毒机会；

6）安装杀毒软件、防火墙等防病毒工具，定期对软件进行升级、对系统进行病毒查杀；

7）应及时下载最新的安全补丁，进行相关软件升级；

8）使用复杂的密码，提高计算机的安全系数；

9）警惕欺骗性的病毒，如无必要不要将文件共享，慎用主板网络唤醒功能；

10）一般不要在互联网上随意下载软件；

11）合理设置电子邮件工具和系统的Internet安全选项；

12）慎重对待邮件附件，不要轻易打开广告邮件中的附件或单击其中的链接；

13）不要随意接收在线聊天系统（如 QQ）发来的文件，尽量不要从公共新闻组、论坛、BBS 中下载文件，使用下载工具时，一定要启动网络防火墙。

习 题 5

1. 计算思维问题求解的一般步骤是什么？

计算思维问题求解的一般步骤是：形式化描述—建模—优化—表示及执行，能够运用系统设计方法构建新系统。

2. 通过小世界网络模型的计算问题，请说明计算思维在社会科学研究中的意义。

计算思维在社会科学若干问题的研究进展中已经表现出独特的力量。社会科学家一直希望能像研究自然现象那样，通过“实验—理论—验证”的范式研究社会现象，这种期盼在高度信息化的社会逐渐成为现实。当计算思维与社会科学背景知识结合起来，有可能直接创造具有社会科学意义的新知识。

小世界现象又称为六度分割现象，可通俗地阐述为你和任何一个陌生人之间所间隔的人不会超过 6 个，也就是说，最多通过 6 个人你就能够认识任何一个陌生人。这类社会网络图可以通过两个独立的结构特征，即集聚系数和平均节点间距离来进行识别，也就是著名的 WS 小世界网络（SWN）这一概念。社会网络其实并不高深，理论基础正是“六度分割”，而社会性软件则是建立在真实的社会网络上的增值性软件和服务。

参考文献

陈国良，2012．计算思维导论[M]．北京：高等教育出版社．

董付国，2016． Python 程序设计[M]．2 版．北京：清华大学出版社．

董荣盛，2017．计算思维的结构[M]．北京：人民邮电出版社．

冯博琴，2012．大学计算机基础经典实验案例集[M]．北京：高等教育出版社．

郭艳华，马海燕，2014．计算机与计算思维导论[M]．北京：电子工业出版社．

郝兴伟，2014．大学计算机：计算思维的视角[M]．3 版．北京：高等教育出版社．

胡明，王红梅，2011．计算机科学概论[M]．北京：清华大学出版社．

教育部考试中心，2017．全国计算机等级考试二级教程[M]．北京：高等教育出版社．

李廉，王士弘，2016．大学计算机教程：从计算到计算思维[M]．北京：高等教育出版社．

刘德山，付彬彬，黄和，2018．Python 3 程序设计基础[M]．北京：科学出版社．

唐培合，徐奕奕，2015．计算思维：计算学科导论[M]．北京：电子工业出版社．

杨俊，金一宁，韩雪娜，2014．大学计算机基础教程[M]．北京：科学出版社．

战德臣，聂兰顺，2013．大学计算机：计算思维导论[M]．北京：电子工业出版社．

张洪瀚，杨俊，张启涛，2008．大学计算机基础[M]．北京：中国铁道出版社．

周以真，2007．计算思维[J]．徐韵文，王飞跃，译．北京：中国计算机学会通讯，3（11）．